高等职业教育（本科）机械设计制造类专业系列教材

增材制造技术 及产品设计

主　编　战江涛　　邓劲莲

参　编　诸葛耀泉　尉　锋　王芃卉

机械工业出版社

本书根据教育部公布的《高等职业教育专科专业简介》（2022 年修订）中增材制造技术专业（专业代码 460112）的内容，同时参考人力资源和社会保障部、工业和信息化部共同制定的增材制造工程技术人员国家职业标准（2-02-38-11）工作任务编写。

　　本书内容广泛，专业性突出，系统性强，内容新颖，形成了理论、实操和设计应用的有机整体。本书主要内容包括增材制造技术的基础知识、增材制造技术的发展与主要工艺类型、3D 打印材料、增材制造技术的工业应用、增材制造工艺设备操作和产品设计中的增材制造技术。在设计案例中，本书从正向设计、逆向设计两种工作路径介绍了 3D 打印在产品设计过程中起到的作用和应用方法。

　　本书采用了大量来自行业、企业的案例，内容浅显易懂，逻辑清晰，具有吸引力，可极大地激发学生的求知欲；采用"校企合作"模式编写，同时运用了"互联网+"形式，在重要知识点处嵌入二维码，方便学生理解相关知识，进行更深入的学习。

　　本书既可作为职业院校机械、机电、工业设计、汽车等相关专业的教材，又可作为增材制造岗位培训教材，也可供从事工业设计、计算机辅助设计与制造、模具设计与制造等工作的工程技术人员参考。

　　为便于教学，本书配套有电子教案、教学视频、习题答案等教学资源，选择本书作为授课教材的教师可来电（010-88379193）索取，或登录 www.cmpedu.com 网站，注册、免费下载。

图书在版编目（CIP）数据

增材制造技术及产品设计 / 战江涛，邓劲莲主编.
北京 ：机械工业出版社，2024. 12. ——（高等职业教育
（本科）机械设计制造类专业系列教材）. —— ISBN 978
–7–111–76927–9

Ⅰ. TB4

中国国家版本馆CIP数据核字第2024YD3822号

机械工业出版社（北京市百万庄大街22号　邮政编码100037）
策划编辑：黎 艳　　　　　　责任编辑：黎 艳　王莉娜
责任校对：曹若菲　陈 越　　封面设计：马精明
责任印制：单爱军
保定市中画美凯印刷有限公司印刷
2025年1月第1版第1次印刷
210mm×285mm·9.25印张·254千字
标准书号：ISBN 978-7-111-76927-9
定价：45.00 元

电话服务　　　　　　　　　网络服务
客服电话：010-88361066　　机 工 官 网：www.cmpbook.com
　　　　　010-88379833　　机 工 官 博：weibo.com/cmp1952
　　　　　010-68326294　　金 书 网：www.golden-book.com
封底无防伪标均为盗版　　机工教育服务网：www.cmpedu.com

增材制造技术也称为 3D 打印，作为一项新的智能制造技术在各个行业中的应用越来越广泛，在传统制造业转型升级过程中发挥着越来越重要的作用。近年来，随着增材制造技术的进一步发展和完善，各种类型的增材制造装备被企业引入生产环节，企业对增材制造高技能人才的需求越发迫切。

现阶段人们对于 3D 打印的认识普遍还是较为粗浅的，对于 3D 打印的认知还停留在 3D 打印技术本身。3D 打印作为突破性的新工业技术，除工艺技术本身外，其魅力在于与各工业领域技术的结合应用上。通过本书的学习，可以帮助学生对增材制造技术有一个更加全面的认识，特别是在增材制造技术应用方法和工作流程上开阔视野，对于将来的职业可以做更好的规划。

本书是**机械行业职业教育重点领域专业课程建设教材研制专项课题成果**，增材制造技术专业的入门教材，也是工业设计、机械制造类相关专业"增材制造技术"课程的教材。本书根据职业院校学生的认知特点，以全新的理念进行编写，以案例为基础，图文并茂，力求在传统教材的基础上有所突破。本书在编写过程中力求体现以下特色。

1. 对照教育部公布的《高等职业教育专科专业简介》（2022 年修订）中增材制造技术专业（专业代码 460112）的内容，紧密对接人力资源和社会保障部、工业和信息化部共同制定的增材制造工程技术人员国家职业标准（2-02-38-11）的工作任务内容，依据最新教学标准，对接职业标准和岗位需求。

2. 采用理实一体化的编写模式，贯彻"做中教，做中学"的职业教育理念，以典型案例为载体，使学生通过参与"理论—设计—实践"生产全流程，为将来从事增材制造技术相关岗位奠定基础。同时，运用"互联网 +"技术，融入数字化资源，方便读者理解相关知识，进行更深入的学习。

3. 通过真实案例的导入，充分反映行业企业的新技术、新设备、新工艺，促进学生对于内容的理解，激发学生对新工业技术的认知热情。

4. 根据职业院校学生的认知特点，采用"案例 + 图片"的形式多层次展现各知识点，增强学生学习过程中的多感官体验和感受。

本书建议学时为 48 学时，学时分配建议见下表，任课教师可根据学校的具体情况适当调整。

章	内容	建议学时	章	内容	建议学时
第 1 章	增材制造技术的基础知识	4	第 4 章	增材制造技术的工业应用	8
第 2 章	增材制造技术的发展与主要工艺类型	8	第 5 章	增材制造工艺设备操作	8
第 3 章	3D 打印材料	4	第 6 章	产品设计中的增材制造技术	16
总计			48		

本书由战江涛、邓劲莲任主编，诸葛耀泉、尉锋、王芃卉参与编写。本书在编写过程中得到了产教融合校企合作企业——先临三维科技股份有限公司、杭州喜马拉雅信息科技有限公司、华曙高科技股份有限公司、苏州博理新材料科技有限公司、闪铸三维科技有限公司、浙江迅实科技有限公司的大力支持。编者在编写过程中参阅了国内外出版的有关教材和资料，在此谨向相关作者表示衷心感谢！

　　由于编者水平有限，书中不妥之处在所难免，恳请读者批评指正。

编　者

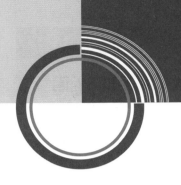
名称	图形	名称	图形
增材制造技术的工作原理		3D 打印材料	
FDM 工艺介绍		STL 格式文件	
SLA 工艺介绍		Creo 导出 STL 格式文件	
DLP 工艺介绍		三维数字模型切片	
SLS 工艺介绍		悬垂结构	
PolyJet 工艺介绍		FDM 工艺设备操作	

（续）

名称	图形	名称	图形
SLS 工艺设备操作		PolyJet 工艺设备操作	
PolyJet 模型贴图		3D 扫描设备操作	

（续）

目 录

▷▷▷ ▶▶▶ 第1章

增材制造技术的基础知识

1.1 增材制造与我国新型工业化

　　党的二十大报告提出：建设现代化产业体系。坚持把发展经济的着力点放在实体经济上，推进新型工业化，加快建设制造强国、质量强国、航天强国、交通强国、网络强国、数字中国。增材制造作为"深入实施制造强国战略"的主攻方向，加快建设质量强国、航天强国、数字中国的重要手段，对推动我国制造业高端化智能化绿色化发展，促进实体经济和数字经济高质量融合，提升产业链供应链韧性和安全水平起到了巨大作用。

　　党的十八大以来，经过十多年的快速发展，我国增材制造技术及产品逐步实现了产业化，取得了令人瞩目的历史成就。产业规模方面，从 2012 年的不足 10 亿元扩大到 2023 年的 448 亿元，年复合增长率超过 41%。另据国家统计局公布的 2024 年上半年国民经济数据，我国 3D 打印设备产量同比增长 51.6%。企业数量方面，全产业链相关企业超过 1000 余家，涌现出先临三维、华曙高科、铂力特等以增材制造为主营业务的上市公司。重点工艺装备和核心器件国产化方面，批量化供应能力和成本竞争优势显著，我国高精度桌面级光固化增材制造装备、多材料熔融沉积增材制造装备畅销国际市场并持续保持领跑地位，米级多激光器激光选区熔化装备、多电子枪电子束熔化装备、大幅面砂型增材制造装备等自主开发装备相关核心指标达到国际先进水平。工业应用方面，实现由快速制造原型样件逐步向直接制造最终产品质变，在航空航天领域，新一代战机、国产大飞机、新型火箭发动机、火星探测器等重点装备的关键核心零部件大量应用增材制造技术，解决了复杂结构零件的成型问题，实现了产品结构轻量化；在医疗领域，髋臼杯、脊柱椎间融合器等 14 款增材制造医疗植入物获得国家药品监督管理局认证；在铸造领域，宁夏回族自治区银川市建成世界首个万吨级铸造 3D 打印工厂，提升了产品制造效率，实现了对传统铸造的替代。产业格局方面，我国华南、华中、西北等地区部分省市依靠自身良好的经济发展优势、区位条件和工业基础，通过有效汇聚产业资源，实现了增材制造产业从零散状、碎片化到成链条、聚集化发展的演变。

目前，得益于我国完备的工业体系以及齐全的产业链，增材制造一直保持着强劲的发展势头。未来，高质量激光器、电子束枪、扫描振镜等核心部件将全部实现国产化；各型大尺寸、多激光的高效增材制造装备稳定性将不断提高；生物医药与医疗器械、大型高性能复杂构件、空间增材制造等新型前沿技术装备将持续拓展创新。增材制造技术装备全面向低成本、高可靠性、高性能、高智能化方向发展，供给能力将得到全面提升。

增材制造与数字化技术、激光技术、机械加工技术等多项技术的结合，将对生产模式、生活方式，乃至产业链价值结构产生深刻影响，在提升产业链、供应链韧性和安全方面发挥重要作用，为我国制造业的发展创造更多可能。未来，增材制造技术将广泛应用于制造业各领域智能车间、智能工厂、智慧供应链中，有效推动现代制造业的培育壮大以及传统制造业的转型升级，重塑我国制造业崭新面貌。

1.2 增材制造技术概述

增材制造（Additive Manufacturing，AM）是 20 世纪 80 年代末期开始商品化的一种高新制造技术，是一种集计算机辅助设计（CAD）、计算机辅助制造（CAM）、计算机数字控制（CNC）、激光、精密伺服驱动、新材料等先进技术于一体的加工方法。3D 打印的过程就像盖房子，把材料一层一层地堆积起来，逐渐形成具有特定形状的三维物体，相对于传统的材料去除和切削加工技术，3D 打印是一种"自下而上"的成型方法。2009 年美国材料与实验协会（ASTM）将增材制造定义为一种与传统的材料去除加工方法截然相反的，通过增加材料、基于三维 CAD 模型数据，通常采用逐层制造方式，直接制造与相应数学模型完全一致的三维实体的过程。3D 打印过程如图 1-1 所示。

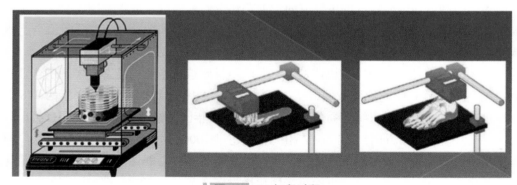

图 1-1　3D 打印过程

随着增材制造技术的不断完善和发展，该项技术展现出了巨大的技术优势和发展潜力，其与传统制造工艺的结合也在逐步加深，已经越来越多地应用到各行各业中，在工业设计、汽车、医疗、建筑、模具、教育、珠宝、鞋类、食品等领域都有着广泛的应用，如图 1-2 所示。

a) 鞋类产品　　　　　　　　　　　　　　b) 文创产品

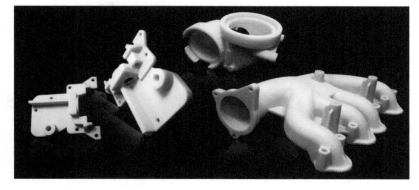

c) 工业产品

d) 模具制造

图 1-2　增材制造技术在各领域的应用

1.2.1　增材制造技术的工作原理

工作中使用的普通打印机可以将文档、图片输出打印成文稿、贴图、海报等二维平面物品，3D 打印机与普通打印机的工作原理基本相同，只是打印材料从普通打印机用的墨水和纸张变成了金属粉末、陶瓷粉末、塑料甚至砂粒等具有三维体积的实实在在的原材料，如图 1-3 所示，通过计算机技术的辅助，把打印材料层层叠加，最终"打印"出三维实物产品。

增材制造技术的
工作原理

增材制造技术是由三维数字模型直接驱动快速制造实物产品的技术的总称。增材制造技术以三维数字模型为蓝本，基于离散 - 堆叠原理，通过切片软件在打印方向上按照设定厚度均匀切片，然后由计算机控制系统驱动激光器、热熔喷嘴等工作部件将金属粉末、陶瓷粉末、塑料、细胞组织等打印材料进行逐层堆叠、粘接，最终叠加成型，制造出实物产品，图 1-4 所示。简言之，增材制造技术通过对三维数据模型的"切片—逐层加工—层叠增长"工艺过程，实现了从三维数字模型到实物产品的制造。与传统产品制造工艺通过模具、车削加工对成型材料进行定型、切削并最终生产出产品不同，增材制造技术将复杂的三维数字模型离散为一系列简单的二维切片，通过对材料逐层叠加进行生产，大大降低了实物产品的制造难度和复杂度。

a) 普通打印机   b) 3D打印机

图 1-3　普通打印机和 3D 打印机

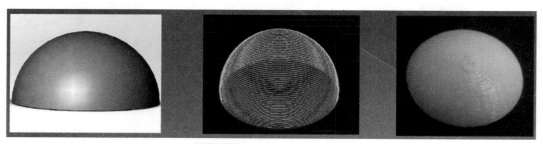

图 1-4　3D 打印原理示意图

1.2.2　增材制造技术的工作过程

增材制造技术的工作过程一般可描述为：获得目标实物产品的三维数字模型，通过切片软件将三维数字模型切片离散，对切片进行分层制造、堆叠，最后经过后处理得到实物产品，具体分为以下四个阶段。

1. 第一阶段：三维数字模型获取

三维数字模型是 3D 打印的基础，没有三维数字模型，增材制造工艺过程将无法进行，因此首先需要获取目标实物产品的三维数字模型。获取三维数字模型通常有以下三个途径。

1）通过三维设计软件的正向建模获取三维数字模型。常用的三维设计软件有 Creo、SolidWork、UG、SolidEdge、CATIA、Rhino、AutoCAD、Maya、3DMax、Cinema 4D、Zbrush 等。图 1-5 所示为 Creo 和 Rhino 的建模界面。

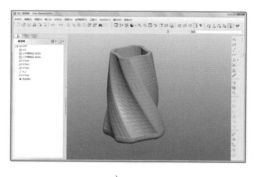
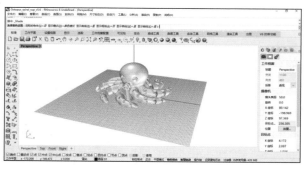

a)   b)

图 1-5　Creo 和 Rhino 的建模界面

在三维设计软件环境下完成建模工作，输出三维设计软件与 3D 打印机之间协同工作的 STL（Stereo Lithography）格式文件。STL 格式文件使用三角面片来近似模拟模型表面形态，与平面图形中的像素概念类似，三角面片越小，表征模型形态的面片数量就越多，模型表面分辨率也就越高，就越接近模型的实际形态；反之，三角面片越大，模型表面特征也就越模糊，如图 1-6 所示。

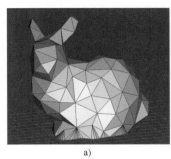
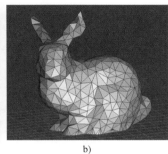

a)   b)   c)

图 1-6 STL 三角面片大小对模型形态的影响

2）通过三维扫描仪获取三维数字模型。借助三维扫描仪（图 1-7~ 图 1-9）对物体的空间外形、结构以及色彩进行扫描，获得物体表面的空间坐标参数，得到的大量坐标点的集合即点云（Point Cloud）。点云经过逆向工程软件的处理后，即可创建出物体的三维数字模型。通过扫描获取物体的三维数字模型的技术手段除了三维扫描仪，还包括医疗上使用的计算机断层扫描（CT）、核磁共振（图 1-10）等技术手段。

图 1-7 桌面式三维扫描仪

图 1-8 手持式三维扫描仪

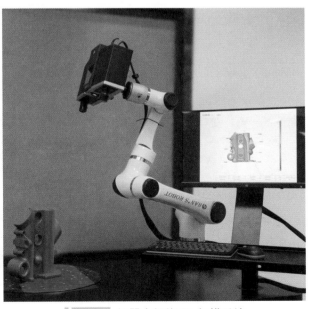

图 1-9 机器人智能 3D 扫描系统

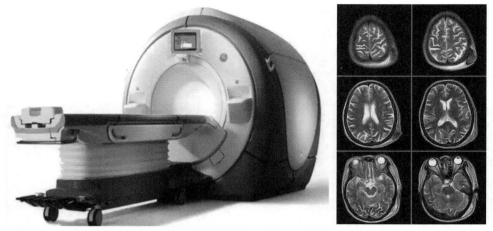

图 1-10　核磁共振

　　3）通过模型数据分享、互联网等途径获取三维数字模型。3D 打印产业发展至今，已衍生出各种各样的 3D 打印服务项目，通过互联网平台进行 3D 模型打印成为一项新兴个性化服务项目。提供 3D 打印的企业和平台通常会通过提供模型库分享三维数字模型的方式对 3D 打印进行推广，如常用的 3D 打印互联网平台 Thingiverse 3D 打印服务平台、魔猴网等，如图 1-11 和图 1-12 所示。

图 1-11　Thingiverse 3D 打印服务平台界面

图 1-12　魔猴网 3D 打印平台界面

2. 第二阶段：三维数字模型切片

切片的实质是将三维数字模型以离散片层的方式描述，将三维数字模型从"三维"降维至"二维"，即把要打印的 STL 格式的模型文件导入到 3D 打印切片软件中，在确定好模型摆放位置和姿态后，按照设定厚度对三维数字模型沿打印方向（通常为 Z 轴方向）切片，获得一系列离散的二维切片（Spices）。无论模型形状多么复杂，对每一片层来说都是简单的平面矢量二维图形。切片过程如图 1-13 所示，轮廓线代表了片层的边界。

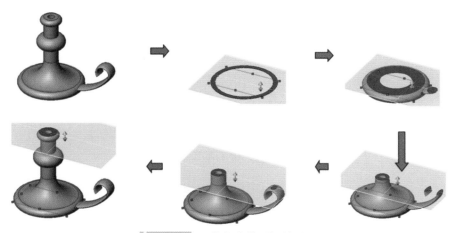

图 1-13 三维数字模型切片过程

3. 第三阶段：分层制造、堆叠

增材制造技术有多种工艺类型，其工艺原理相同，不同之处在于片层的逐层打印实现方式。把每个切片的数据信息传递给 3D 打印设备的控制系统，通过读取切片的加工信息规划打印路径，精确、快速地完成单一片层的制造，再将各个片层以各种方式粘接在一起，从而制造出实物模型，如图 1-14 所示。3D 打印常用材料有液态光敏树脂、尼龙粉末、石膏粉末、金属粉末、模具砂、热塑性塑料丝等，各层的粘接方式包括热熔黏合、黏结剂黏合、交联反应等。

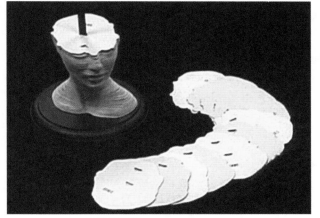

图 1-14 分层制造示意图

4. 第四阶段：模型后处理

从 3D 打印设备上取出实物模型后，往往需要把多余的支撑结构剥离掉，有的模型还需要进行后期的强化、修补、打磨、喷漆和抛光等，如图 1-15 所示。这些工序统称为模型后处理。经过适当的后处理环节便可得到最终的实物模型。

a) 去除支撑结构　　　　　b) 打磨表面　　　　　c) 喷漆　　　　　d) 抛光

图 1-15 模型后处理

从成型的角度，模型可视为一个空间实体，它是点、线、面的集合。3D 打印的工作过程是"体—面—线"的离散与"点—线—面"的叠加过程，即"三维数字模型→二维平面→三维实体模型"的过程，具体流程如图 1-16 所示。

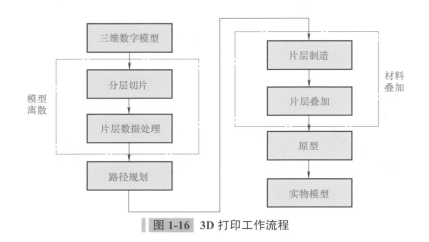

图 1-16　3D 打印工作流程

1.3　增材制造技术的技术优势

增材制造技术带来了世界性的制造业变革。在产品制造领域，按照制造过程中是否去除材料，可将现有的制造工艺划分为等材制造、减材制造和增材制造三种类型。等材制造是通过模具、压力机等工艺设备，通过改变材料的形状来加工成型的制造工艺，如塑料制品的注射成型、模压成型，金属制品的铸造成型、锻造成型等。减材制造是使用机床，通过车削、铣削等机械加工手段去除多余材料获得最终制品的制造工艺。等材制造和减材制造的加工工艺受诸多工艺设备的约束，需要在满足工艺性要求的前提下进行生产制造。而增材制造通过堆叠材料的方式进行产品制造，是对传统制造工艺的突破，其工艺特点如下。

1. 制造过程不受零件形状复杂性影响

3D 打印通过"离散 - 堆叠"原理把模型制造过程从"三维"制造降维为"二维"堆叠，突破了模型三维空间形态对加工制造工艺造成的工艺性限制，如图 1-17 和图 1-18 所示。

图 1-17　3D 镂空工艺品

图 1-18　产品轻量化设计

2. 生产制造高度柔性

传统加工制造工艺受工艺设备的制约，往往首先需要具备昂贵的工艺设备，如模具、注塑机等，只有进行大批量、标准化生产，才能降低单个产品的生产成本，因此传统制造工艺很难满足个性化定制产品的需求。而 3D 打印则是计算机直接对接 3D 打印设备，省去了大量的中间工艺设备，所需要的仅仅是在计算机和 3D 打印设备之间进行三维数字模型的加工数据传递，产品的生产成本只与所消耗的原材料有关，单个产品的生产成本不会因为生产批量的大小而发生变化，所以能更好地支持个性化定制产品的生产，实现产品的柔性制造。图 1-19 和图 1-20 所示为 3D 打印个性化定制产品的应用案例。

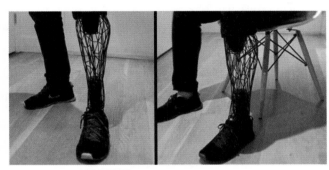

图 1-19　威廉·特鲁设计的义肢

图 1-20　3D 打印金属义齿

3. 设计、制造一体化

3D 打印的生产过程数字化，并与三维数字模型直接关联。模型的设计和修改在三维设计软件中完成，所见即所得，可随时修改，随时制造，如图 1-21 所示。

图 1-21　3D 打印创意产品的设计、修改

1.4 ｜ 3D 打印驱动传统制造业变革

增材制造技术的出现，从根本上改变了传统制造技术与材料、结构、功能相互割裂的发展局面，将为传统制造业带来一系列深刻的变革。

1. 设计理念的变革

基于传统制造的设计方法受生产工艺、生产设备等客观因素的影响，在外观设计、结构设计和性能优化等方面存在诸多制约，而基于材料堆叠成型的 3D 打印则极大地拓展了设计的创意和创新空间。3D 打印使设计不再受传统制造工艺和制造资源约束，而专注于产品形态创意和功能创新，在"设计即生产""设计即产品"理念下，追求"创造无极限"；能真正从产品的功能需求出发，设计出功能最优、材料最省、效率最高的最优结构形式，而无须考虑加工问题，颠覆了传统设计思维的桎梏，解决了传统的航空航天、船舶、汽车等动力装备高端复杂精细结构零部件的制造难题。

2. 生产模式的变革

3D 打印设备作为一种可"一机多用"的生产装备，将有可能改变产品的生产制造模式，给企业和消费者带来巨大的经济和社会效益。人类的生产模式在经历了手工生产、机械化生产之后，已进入到了智能化生产阶段。手工生产解决了产品有没有的问题，但生产率低下，很难保证产品的一致性；机械化生产解决了统一标准下的大批量生产问题，但生产缺乏弹性，无法满足人们日益增长的个性化产品需求。随着数字技术的发展，生产模式进入了智能化阶段，大规模定制能力成为核心竞争力，生产率和生产弹性兼顾，对于生产模式的变革提出了巨大挑战。3D 打印融合材料制备、设计软件、设计模式、制造工艺、装备等全面变革产品研发、制造、服务模式，从传统制造业的批量化、规模化、标准化制造转变为定制化、个性化、分布式制造，使"按需而制""因人定制"和"泛在制造"等得以实现。

3. 商业模式的变革

随着增材制造技术、数字技术、互联网技术的发展，3D 打印与数字孪生、工业互联、人工智能等横向技术融合，将消费端、生产端、销售端、物流端统一结合起来。平台经济的商业模式不再局限于销售，从最初的设计过程到生产制造，再到后期产品的维修，都将借助网络实现数字化文件的共享和交易，云平台将所有的商业活动都纳入其中。这种商业模式是一种更顺应绿色发展的经济模式。3D 打印减少了原材料的使用量，降低了对自然资源和环境的压力，大大压缩了供应链，减少了能源消耗，对经济、环境和消费者都颇具益处。3D 打印刺激了商业模式的进化，不仅使产品更容易适应市场需求，降低业务风险，而且使创新边界得以无限延伸。

思考题

1. 增材制造技术作为智能制造的主要技术之一，将在我国新型工业化过程中发挥重要作用。请根据相关资料信息，畅想 3D 打印将对我们的生活产生怎样的影响。

2. 怎样理解增材制造技术生产高度柔性的工艺特点？基于此特点，增材制造技术可以对生活中的哪些应用情境产生巨大影响？

3. 当前增材制造技术的工业应用已十分广泛，增材制造技术的工业应用潜力在于其自身与各工业领域工艺技术的结合。请通过查阅相关资料，收集整理 3D 打印在汽车制造领域内的典型应用情境。

第 2 章

增材制造技术的发展与主要工艺类型

2.1　增材制造技术的发展历程

增材制造技术被称作"上上个世纪的思想，上个世纪的技术，这个世纪的市场"，是因为其起源可以追溯到 19 世纪。

1892 年，法国人 Joseph Blanther 发明了用蜡板层叠的方法制作等高线地形图的技术（图 2-1），通过在一系列蜡板上压印地形等高线，然后切割蜡板，将其层层堆叠之后，进行平滑处理，这被认为是 3D 打印"离散-堆叠"思想的发端。

1981 年，日本名古屋市工业研究所的 Hideo Kodama 发明了利用光固化聚合物的三维模型增材制造方法。1984 年，美国人 Charles W.Hull 发明了立体光固化成型（Stereo Lithography Appearance，SLA）技术，利用紫外线照射液态光敏树脂进行固化成型。1986 年，Charles W.Hull 成立了 3D Systems 公司，研发了 STL 文件格式，将 CAD 模型进行三角化处理，成为 CAD/CAM 系统接口文件格式的工业标准之一。

1986 年，美国国家科学基金会赞助的 Helisys 公司研发出分层实体制造（Laminated Object Manufacturing，LOM）技术，把片状材料切割并黏合成型。

1988 年，美国人 Scott Crump 发明了熔融沉积成型（Fused Deposition Modeling，FDM）技术，利用高温把材料熔化后喷出，再重新凝固成型。1989 年，Scott Crump 创立了 Stratasys 公司，1992

年推出了第一台基于 FDM 技术的工业级 3D 打印机——3D 造型者（3D Modeler），标志着 FDM 技术步入了商用阶段。

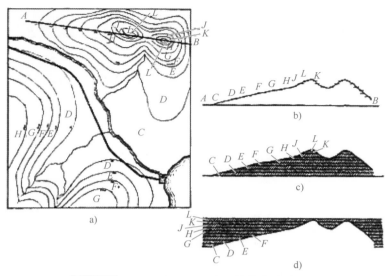

图 2-1　Joseph Blanther 发明的等高线地形图

1989 年，美国得克萨斯大学奥斯汀分校的 Carl Dechard 发明了选择性激光烧结（Selective Laser Sintering，SLS）技术，利用高能激光将尼龙、蜡、陶瓷甚至金属粉末高温熔化烧结成型。

1993 年，麻省理工学院教授 Emanual Saches 发明了三维印刷（Three-Dimensional Printing，3DP）技术，利用黏结剂将金属、陶瓷等粉末黏合在一起成型。两年后把这项技术授权给 Z Corporation 公司进行商业应用，后者开发出了第一台彩色 3D 打印机。

1994 年，美国 Model Maker 公司的蜡模 3D 打印机进入市场；美国 ARCAM 公司发明电子束熔融（Electron Beam Melting，EBM）技术。

1995 年，德国 Fraunhofer 激光技术研究所（ILT）推出了选择性激光熔融（Selective Laser Melting，SLM）技术。

1996 年，美国桑迪亚国家实验室发明了激光近净成型（Laser Engineered Net Shaping，LENS）技术，又称为直接金属沉积（Direct Metal Deposition，DMD）激光直接成型（Directed Laser Fabrication，DLF）或激光快速成型（Laser Rapid Forming，LRF），后在美国材料与试验协会标准中将该技术统一规范为直接能量沉积（Directed Energy Depositioin，DED）技术的一部分。

2005 年，Z Corporation 公司推出了世界上第一台高精度彩色 3D 打印机 Spectrum Z510；同年，英国巴斯大学的 Adrian Bowyer 创立开源 3D 打印机项目 RepRap，这个开源项目极大促进了 3D 打印行业的发展。

2008 年，以色列 Objet Geometries 公司推出 Connex500 快速成型机，它是有史以来第一台能够同时使用多种打印原料的 3D 打印机，开创了混合材料打印的先河。

2009 年，Invetech 公司和 Organovo 公司研制出第一台商业化生物 3D 打印机，并打印出第一条血管。

2014 年，美国惠普公司公布了其开发的多射流熔融（Multi Jet Fusion，MJF）增材制造技术。

2015 年，美国 Carbon3D 公司发布一种新的光固化技术——连续液态界面成型（Continuous Liquid Interface Production，CLIP），利用氧气和光连续地从树脂材料中固化模型。该技术是目前已知打印速度最快的增材制造技术。

2017 年，中国首台高通量集成化生物 3D 打印机在浙江杭州发布。

2018 年，西门子公司 3D 打印燃气轮机燃烧室成功运行 8000h，证明了 3D 打印零部件性能的可靠性。同年，昆明理工大学增材制造中心超大 3D 打印钛合金复杂零件试制成功，是当时使用 SLM 工艺成型的最大单体钛合金复杂零件。

2019 年，卧龙岗大学（UOW）研究人员开发出生物 3D 打印机 3D-Alek，采用和澳大利亚国家制造工厂合作开发制造的专用生物墨水，用于解决先天性耳畸形问题；以色列科学家使用患者的细胞 3D 打印出一颗可跳动的心脏；西北工业大学汪焰恩教授团队 3D 打印出可生长的骨头；选择性激光烧结技术开启光源性改变，通过改变现有光源，德国 EOS 金属 3D 打印公司和华曙高科把 SLS 工艺带到了新的发展阶段。

2020 年 5 月，中国空间技术研究院成功完成首次太空 3D 打印，这也是全球首次连续纤维增强复合材料的 3D 打印实验。

2.2 ｜ 增材制造技术的分类

增材制造技术名称随着新的增材制造工艺和设备的出现而层出不穷，如 SLA、CLIP、SLS、SLM、3DP、LOM、FDM、LENS、DMD 等。ASTM 与国际标准化组织（ISO）合作，于 2016 年年底宣布了全球增材制造标准框架，即增材制造标准结构。在 ISO/ASTM 52900：2015 标准中，根据各项技术的内在逻辑联系，将增材制造技术分为 7 大类：材料挤出成型（Material Extrusion）、层压成型（Sheet Lamination）、光聚合成型（VAT Photopolymerization）、黏结剂喷射成型（Binder Jetting）、粉床熔融成型（Powder Bed Fusion）、材料喷射成型（Material Jetting）、直接能量沉积（Directed Energy Deposition）。

1. 材料挤出成型（Material Extrusion，图 2-2）

技术名称：熔融沉积成型（FDM），熔丝制造成型（FFF）。

技术描述：线状材料通过加热的喷头以熔融状态被挤出。

技术优势：材料价格便宜、多彩，对工作环境要求不高，可用于办公环境，打印出来的模型结构性能高。

典型材料：热塑性塑料丝、液态塑料、泥浆（用于建筑类）、食材等。

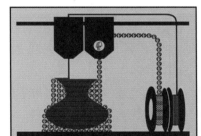

图 2-2　材料挤出成型

2. 层压成型（Sheet Lamination，图 2-3）

技术名称：分层实体制造（LOM），超声增材制造（UAM）等。

技术描述：片状材料通过黏胶、超声波焊接，以钎焊的方式被压合在一起，多余材料被层层切除。

技术优势：成本低，可制作复杂、大体积模型，模型精度高，外框与截面轮廓间的多余材料起支撑作用。

典型材料：纸张、塑料片、陶瓷片、金属箔等。

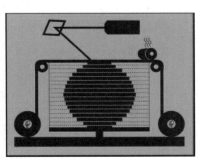

图 2-3　层压成型

3. 光聚合成型（VAT Photopolymerization，图 2-4）

技术名称：立体光固化成型（SLA），数字光处理（DLP），扫描 - 旋转 - 选择性光固化（3SP），连续液态界面成型（CLIP）。

技术描述：液态光敏树脂通过紫外线照射发生交联反应，固化成产品的形状。

技术优势：高精度，高复杂性，高表面质量。

典型材料：液态光敏树脂。

4. 黏结剂喷射成型（Binder Jetting，图 2-5）

技术名称：3D 打印（3DP）；无模铸造成型（PCM）。

技术描述：通过喷头喷射黏结剂，将原料粉末黏合成型。

技术优势：可打印全彩模型，可选择材料广泛。

典型材料：塑料粉末、金属粉末、石膏粉、陶瓷粉末、玻璃、砂子等。

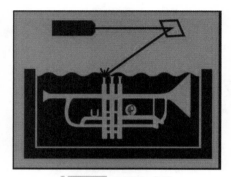

图 2-4 光聚合成型

图 2-5 黏结剂喷射成型

5. 粉床熔融成型（Powder Bed Fusion，图 2-6）

技术名称：选择性激光烧结（SLS）、选择性激光融化（SLM）、电子束融化（EBM）等。

技术描述：粉末材料被逐层铺放，用高能能量束选择性地熔融材料粉末。

技术优势：打印复杂结构模型，原料粉末作为支撑，可选择材料广泛。

典型材料：塑料粉末、金属粉末、陶瓷粉末、砂子等。

6. 材料喷射成型（Material Jetting，图 2-7）

技术名称：多喷头喷射成型（MJP）、聚合物喷射成型（PolyJet），平滑曲率打印成型（SCP）等。

技术描述：液态材料被逐层铺放，并通过热融材料或光固化的方式成型。

技术优势：打印精度高，能打印全彩模型，可同时使用多种材料进行打印。

典型材料：液态光敏树脂、蜡。

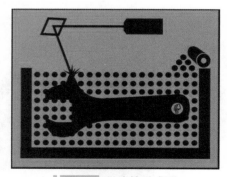

图 2-6 粉床熔融成型

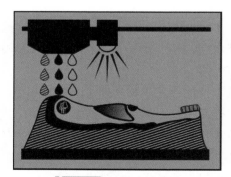

图 2-7 材料喷射成型

7. 直接能量沉积（Directed Energy Deposition，图 2-8）

技术名称：激光金属沉积（LMD）、激光近净成型（LENS）、直接金属沉积（DMD）。

技术描述：高能能量源将金属粉末或者金属丝在产品表面熔融固化，通过机械手可实现大尺寸加工和自动化。

技术优势：不受轴的限制，适合修复零件，可以在同一个零件上使用多种材料。

典型材料：金属丝、金属粉、陶瓷等。

图 2-8　直接能量沉积

2.3 | 增材制造技术的主要工艺类型

2.3.1　熔融沉积成型

1. FDM 工艺介绍

FDM 工艺是一种通过将线状热塑性塑料材料加热至熔融状态，挤出材料并填涂至工作平台，使材料自然冷却固化，层层沉积构建模型的增材制造工艺，图 2-9 所示为 FDM 工艺打印模型，图 2-10 所示为典型 FDM 3D 打印机的打印头模块。

FDM 工艺介绍

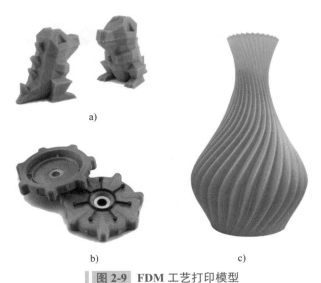

a)

b)　　　　　　　　c)

图 2-9　FDM 工艺打印模型

FDM 工艺设备系统主要包括供料机构、喷头、运动系统和工作平台等。喷头和工作平台安装于运动系统之上，在计算机的控制下完成 XY 平面运动和 Z 向垂直运动，其工作过程如图 2-11 所示。

1）线状材料由供料机构送至喷头。

2）喷头将材料加热至熔融状态并挤出，在运动系统的驱动下将材料涂覆在工作平台上。

3）材料自然冷却，固化形成二维片层。

4）喷头上升（或工作平台下降）一个片层高度，开始下一片层的打印。

5）反复循环，最终完成模型建造。

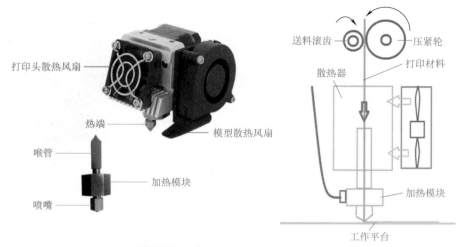

图 2-10 FDM 3D 打印机打印头模块

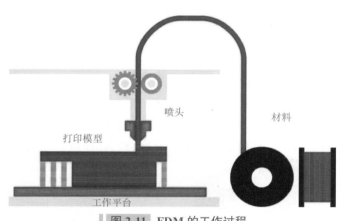

图 2-11 FDM 的工作过程

FDM 的成型材料主要以线状热塑性塑料为主，包括尼龙、热塑型高分子材料（ABS）、聚乳酸（PLA）、热塑性聚氨酯橡胶（TPU），以及近年来出现的以热塑性塑料为基材的碳纤维、玻璃纤维复合材料。FDM 也可以用在食品、建筑等领域，使用泥状食材、混凝土泥浆等成型材料。

FDM 使用工业级热塑性材料作为成型材料，打印出的模型具有耐高温、耐腐蚀、抗菌和较高的机械强度等特性，可用于制造概念模型、功能模型，甚至直接制造零部件和生成工具。FDM 技术已被广泛应用于汽车、航空航天、家电、通信电子、医疗、玩具等产品的设计开发过程，如产品外观评估、方案选择、装配验证、功能测试、小批量生产等。在增材制造中，FDM 是迄今为止使用最广泛的技术。

2. FDM 工艺的特点（表 2-1）

表 2-1　FDM 工艺的特点

工艺优点	工艺局限性
1）工作原理、机械结构和设备操作简单，维护成本低 2）工作环境友好，可在家居、办公环境下安装使用 3）耗材成本低，可选材料广，色彩丰富	1）模型表面有明显的"阶梯"纹 2）各向异性，沿成型方向强度较低 3）对悬垂结构需添加支撑结构 4）易发生翘曲变形 5）具有复杂内腔、孔洞的模型难以去除支撑结构

3. FDM 3D 打印机的分类

FDM 3D 打印机根据喷头的移动系统可分为笛卡儿（Cartesian）坐标系统 FDM 3D 打印机和德尔塔（Delta）坐标系统 FDM 3D 打印机两种结构形式，如图 2-12 和图 2-13 所示。

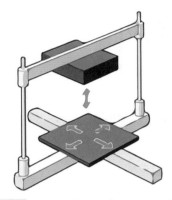

图 2-12　笛卡儿坐标系统 FDM 3D 打印机

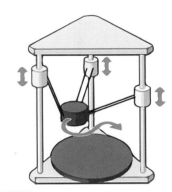

图 2-13　德尔塔坐标系统 FDM 3D 打印机

在笛卡儿坐标系统 FDM 3D 打印机中，建造模型的三维运动过程被分解为一个 XY 二维平面运动和一个 Z 向直线运动。图 2-14a、b 所示的 FDM 3D 打印机，打印头做二维平面运动，工作平台做直线运动；图 2-14c、d 所示的 FDM 3D 打印机，工作平台做二维平面运动，打印头做直线运动。

a)

b)

c)

d)

图 2-14　笛卡儿坐标系统 FDM 3D 打印机

德尔塔坐标系统 FDM 3D 打印机具有圆形工作平台，工作平台固定不动，喷头悬挂在工作平台上方，由三组导杆支撑实现上、下、左、右的三维运动，如图 2-15 所示。

a)　　　　　　　　　　　　　b)

图 2-15 德尔塔坐标系统 FDM 3D 打印机

　　FDM 3D 打印机根据喷头的数量，分为单喷头 FDM 3D 打印机和双喷头 FDM 3D 打印机。

　　双喷头 FDM 3D 打印机可实现的功能包括：可同时建造多个模型，提高建造效率，如闪铸 Creator Pro 二代双喷头 FDM 3D 打印机（图 2-16）；可实现两种材料的混合打印，建造具有多彩特征的模型，如极光尔沃 Artist-D Pro 双喷头 FDM 3D 打印机（图 2-17）和 Zmorph VX 双喷头 FDM 3D 打印机（图 2-18）；可使用水溶材料或低于模型材料熔点的热熔材料作为支撑材料，便于后处理过程中支撑材料的去除，如 Stratasys F370 3D 打印机（图 2-19）。

a)　　　　　　　　　　　　　b)

图 2-16 闪铸 Creator Pro 二代双喷头 FDM 3D 打印机

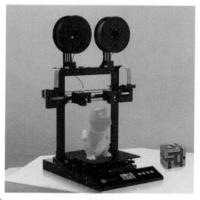 

图 2-17 极光尔沃 Artist-D Pro 双喷头 FDM 3D 打印机　　　　**图 2-18** Zmorph VX 双喷头 FDM 3D 打印机

图 2-19　Stratasys F370 3D 打印机

根据打印模型色彩的不同，FDM 3D 打印机还可进一步分为单色 3D 打印机、多色 3D 打印机、全彩 3D 打印机，如图 2-20~图 2-22 所示。

图 2-20　RoVa4D 多色 3D 打印机

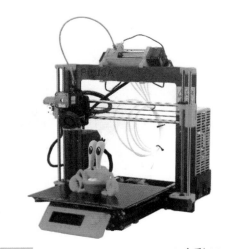

图 2-21　Multi Material Upgrade 2S 全彩 3D 打印机

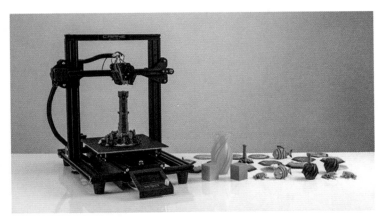

图 2-22　Crane Quad 全彩 3D 打印机

除此之外，FDM 3D 打印机还有用于打印巧克力（图 2-23）、糕点等食材的打印机和建筑类打印机（图 2-24）。

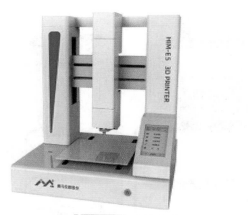

图 2-23　喜马拉雅 HIM-E5 食品 3D 打印机

a)

b)

图 2-24　中建技术中心自主研发的大型建筑 3D 打印机

* 拓展 1：5 轴、6 轴 FDM 3D 打印机

常规 3D 打印机的运动系统是 X、Y、Z 三轴机构，在 Z 轴方向实现平面打印堆叠成型。对于模型上的悬垂结构，不可避免地需要添加支撑结构，以辅助完成模型建造。近几年，国际上有不少学者和研究机构借鉴 5 轴 CNC 机床系统开发了多轴 FDM 3D 打印机（图 2-25~图 2-29），通过旋转轴改变模型的摆放姿态，调整悬垂面，可实现减少或无支撑结构 3D 模型建造。

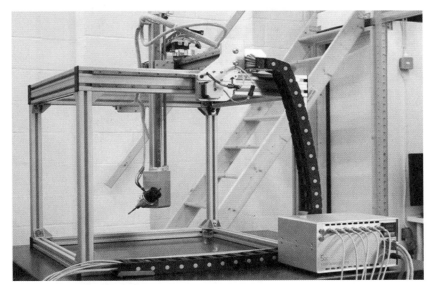

图 2-25 英国的 5AxisMaker 5xm400 5 轴 FDM 3D 打印机

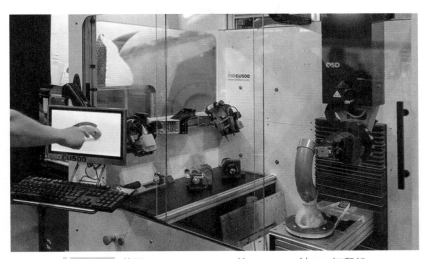

图 2-26 英国 Q5D Technology 的 CU500 5 轴 3D 打印机

a)

b)

图 2-27 波兰 Verashape 公司的 Vshaper 5AX 3D 打印机

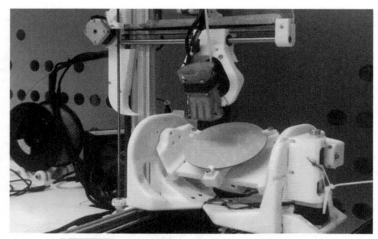

图 2-28 奥斯陆大学的 Pentarod 5 轴 3D 打印机

图 2-29 苏黎世应用科技大学 Oliver Tolar 和 Denis Herrmann 的 6 轴 3D 打印机

2.3.2 分层实体制造

1. LOM 工艺介绍

LOM 工艺又称层叠法成型，是以背面涂有热熔胶的片状材料为打印材料，经片材切割和热压黏合后成型。LOM 技术在发展初期广泛使用 CO_2 激光作为片材切割手段，后来又出现了使用机械刻刀切割片材的新技术。图 2-30 所示为 LOM 工艺 3D 打印模型。

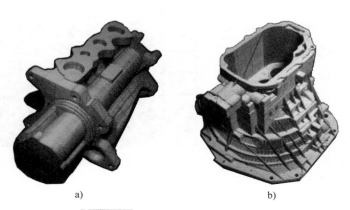

a)   b)

图 2-30 LOM 工艺 3D 打印模型

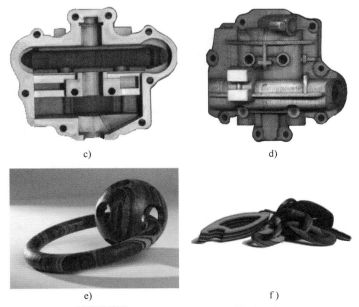

c)　　　　　　　　　　d)

e)　　　　　　　　　　f)

图 2-30 LOM 工艺 3D 打印模型（续）

LOM 工艺系统设备主要由切割系统、升降系统、加热系统、供料系统等组成，其工作过程如图 2-31 所示。

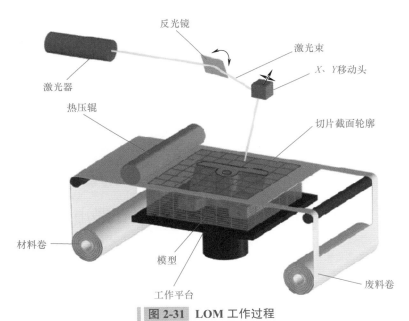

图 2-31 LOM 工作过程

1）将材料卷安装在供料系统中，在工作平台上制作基底。

2）工作平台下降，供料系统送进一个步距的材料。

3）工作平台回升，热压辊加热，滚压片材，使其与基底黏合。

4）切割系统（此例为激光切割系统）沿切片的二维截面轮廓对片材进行切割，并在截面轮廓与外框之间多余的区域内切割出上下对齐的网格。

5）工作平台下降一个片层高度，带动已成型的模型下降，并与料带分离。

6）废料辊卷走、移除切割后的废料，并铺放新的片材，热压辊加热，滚压新片材，使其与上一层模型黏合。

7）反复循环，直至模型建造完成。

模型建造完成后，使用工具拆解模型包，取出模型，完成后处理，如图 2-32 所示。

a) 去除边框

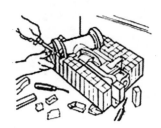
b) 剥离填充体积

c) 清理局部结构

d) 取模完成

图 2-32 LOM 后处理过程

LOM 除了可建造模具、模型外，还可以直接用于建造结构件。其常用的材料包括纸张、塑料片、金属箔、陶瓷片等，LOM 对基体片材有抗湿性、浸润性、抗拉强度、收缩率、剥离性等方面的性能要求。

2. LOM 工艺特点（表 2-2）

表 2-2 LOM 工艺特点

工艺优点	工艺局限性
1）建造过程中，模型翘曲变形较小且无内应力，尺寸精度高 2）模型具有较高的硬度和较好的力学性能 3）激光沿截面轮廓切割，无须填充扫描，建造速度快 4）废料可做支撑结构 5）废料与模型容易分离，不需要固化处理	1）不能直接制作塑料模型 2）模型的弹性和抗拉性能较差 3）模型材料选用纸张需做防潮处理 4）模型表面有"阶梯"纹，对于复杂曲面造型，需进行表面打磨、抛光 5）中空内腔废料无法取出，不能建造中空结构件 6）材料利用率低 7）使用激光切割系统时，建造过程中会产生烟雾

3. LOM 3D 打印机的类型

LOM 的切割系统可采用激光切割或机械刻刀切割，刻刀切割的特点是安全、没有烟雾，适合办公环境下使用；激光切割能量集中，切割速度快，但建造过程中会产生烟雾，污染环境，且激光光路调整要求高。

研究生产 LOM 工艺装备的制造商除了美国 Helisys 公司外，还有日本 Kira、瑞典 Sparx、新加坡 Kinergy，国内清华大学、华中理工大学也相继推出过商用产品。图 2-33 所示为紫金立德 SD300 刻刀切割系统 LOM 3D 打印机。受 LOM 模型性能局限性的影

图 2-33 紫金立德 SD300 刻刀切割系统 LOM 3D 打印机

响，LOM 工艺逐渐被其他类型增材制造工艺所代替。

　　* 拓展 2：彩色 LOM 3D 打印机

　　近年来，一些改进型的 LOM 3D 打印机能够打印出媲美二维印刷的色彩，受到人们的关注。2018 年，爱尔兰 Mcor 公司推出了一款结合二维喷墨打印技术、使用普通商业信纸作为打印原料的全彩桌面型 LOM 3D 打印机 Mcor ARKe，如图 2-34a 所示，图 2-34b~d 所示为其打印的模型。

a)

b)　　　　　　　　c)　　　　　　　　d)

图 2-34 Mcor ARKe 全彩桌面型 LOM 3D 打印机

2.3.3　立体光固化成型

1. SLA 工艺介绍

　　SLA 工艺是使用光敏树脂作为原材料，通过紫外线或者其他光源照射使液态材料转变为固态并逐层固化，最终得到固体模型的增材制造工艺。图 2-35 所示为 SLA 工艺打印模型。

SLA 工艺介绍

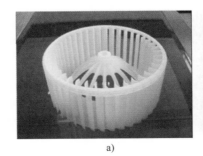 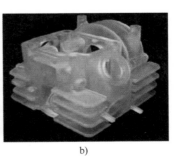

a)　　　　　　　　　　　　b)

图 2-35 SLA 工艺打印模型

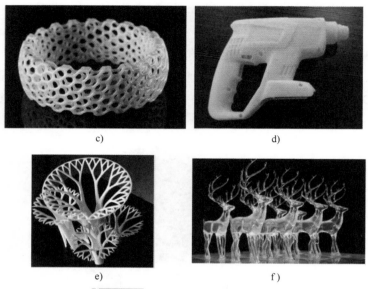

c)   d)

e)   f)

图 2-35 SLA 工艺打印模型（续）

SLA 工艺设备系统一般包括：光源系统、光学扫描系统、工作平台升降系统、涂敷刮平系统、液面及温度控制系统等。成型光束在光学扫描系统驱动下进行 XY 二维平面内的扫描运动，工作平台沿 Z 向升降，其工作过程如图 2-36 所示。

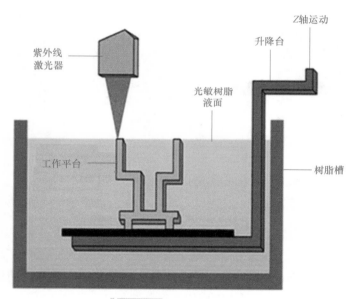

紫外线激光器

Z轴运动

升降台

光敏树脂液面

工作平台

树脂槽

图 2-36 SLA 工作过程

1）树脂槽装填液态光敏树脂，设备执行打印前的检测、准备工作。

2）紫外激光逐点扫描模型当前片层的二维截面，完成当前片层的固化。

3）工作平台下降一个层厚的高度，使已固化的模型上铺覆一层新的树脂。

4）刮板刮平树脂液面。

5）紫外激光再次逐点扫描当前片层，在已完成模型部分的基础上新固化片层。

6）反复循环，直至模型建造完成。

SLA 工艺成型精度高、成型零件表面质量好、原材料利用率接近 100%，而且不产生环境污染，特别适合于制作含有复杂、精细结构的零件。SLA 技术是最早发展起来的增材制造技术，也是目前研究最深入、技术最成熟、应用最广泛的增材制造技术之一。

2. SLA 工艺特点（表 2-3）

表 2-3　SLA 工艺特点

工艺优点	工艺局限性
1）成型过程自动化程度高 2）尺寸精度高，尺寸偏差可达 ±0.1mm 以内 3）表面质量高 4）系统分辨率高，能建造复杂结构模型 5）可以直接制作面向熔模铸造的消失模	1）对模型悬垂结构需添加支撑结构 2）设备成本和维护费用高 3）可使用材料较少，力学性能较差。 4）液态光敏树脂具有一定的气味和毒性，且需避光保存 5）模型力学性能较差，不宜进行机械加工

3. SLA 3D 打印机类型

SLA 设备在结构形式上有自上而下（Top-down）的自由液面式结构（图 2-37）和自下而上（Bottom-up）的约束液面式结构（图 2-38）两种形式。

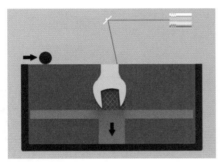

图 2-37　自由液面式 SLA 设备

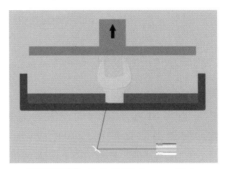

图 2-38　约束液面式 SLA 设备

自由液面式 SLA 设备的光源位于树脂槽的上方，每完成一次固化，工作平台向下运动一个片层高度，光敏树脂的固化反应发生在液面上，树脂液面位置需保持稳定，这样无论模型大小，打印之初都需将树脂槽装满，打印过程中，模型始终沉浸在液面之下，工业级 SLA 3D 打印机一般采用这种结构形式，如图 2-39 和图 2-40 所示。

图 2-39　先临三维 iSLA-650Pro 自由液面式 3D 打印机

图 2-40　中瑞 SLA500 自由液面式 3D 打印机

约束液面式 SLA 设备的光源位于树脂槽的下方，树脂槽底部为透明材料，光源透过树脂槽向上照射，使液态树脂固化。每完成一次固化，工作平台向上运动一个片层高度，树脂在重力的作用下填充工作平台和树脂槽底部空隙，其初始树脂量能满足当前模型的建造需要即可，降低了材料成本，打印过程中模型被工作平台从树脂槽向上提出。桌面级 SLA 3D 打印机通常采用这种结构形式，如图 2-41 所示 Formlabs Form2 约束液面式 3D 打印机。

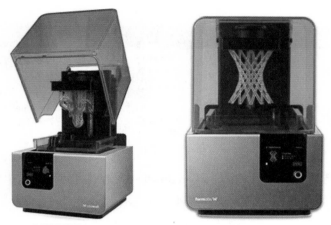

图 2-41 Formlabs Form2 约束液面式 3D 打印机

2.3.4 数字光处理成型

1. DLP 工艺介绍

DLP 工艺与 SLA 工艺同属光聚合成型（VAT Photopolymerization），都使用液态光敏树脂，经紫外光源照射后固化成型，其工艺过程、产品特性、应用类别等方面均相似。它们的不同之处在于两者使用的光源：SLA 工艺使用紫外激光束，先由点到线，再由线到面扫描固化；DLP 工艺使用高分辨率数码光处理器（DLP）投影仪对树脂进行逐层照射固化成型。图 2-42 所示为 DLP 工艺 3D 打印模型。

DLP 工艺介绍

a)

b)   c)

图 2-42 DLP 工艺 3D 打印模型

DLP 工艺设备系统主要由树脂槽、投影光源系统和工作平台升降系统组成。DLP 剔除了扫描振镜或 *XY* 导轨式扫描器，极大简化了设备的结构和工艺过程，使其在加工同面积截面时具有更快的成型速度和效率，成为 3D 打印技术的重要发展方向。DLP 的工作过程如图 2-43 所示。

1）树脂槽装填液态光敏树脂，浸没工作平台。

2）DLP 投影仪透过树脂槽透明底板投射模型切片二维截面，曝光固化当前层面。

3）工作平台向上运动一个层厚高度。

4）液态树脂自动填充已成型片层和树脂槽底板的间隙。

5）投影仪投射，曝光固化下一层，工作平台上升，树脂填充。

6）反复循环，直至模型建造完成。

2. DLP 工艺特点

DLP 设备的核心工作元件是数字微镜设备（Digital Micromirror Device，DMD），该设备包含 200 万个相互铰接的微镜的规则阵列，每秒可切换数千次，反映出 1024 像素的灰度，能够把图像信号转换成梯度丰富的灰度图像，因此 DLP 工艺打印具有很高的分辨率，打印尺寸精度可达 50μm 级别。DLP 投影仪将光通过透镜照射到 DMD 来创建片层的图像，DMD 引导光投射到树脂槽的底部。因此，来自 DLP 投影仪的光线必须从小光源扩展到大的投影面积，这意味着大尺寸模型有可能在其边缘出现像素变形，这也决定了目前的 DLP 工艺还只适用于打印尺寸较小的产品。目前，DLP 工艺广泛应用于牙科义齿、珠宝首饰、玩具动漫、电子小配件等领域的精细模型制作。

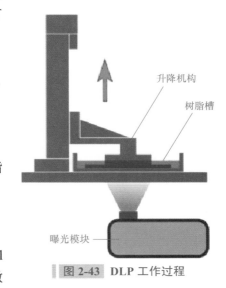

升降机构

树脂槽

曝光模块

图 2-43　DLP 工作过程

3. DLP 3D 打印机类型

2005 年以来，随着数字微镜元件的诞生和逐渐发展完善，DLP 越来越受到人们的广泛关注，成为增材制造技术的新兴发展方向。目前市场上采用 DLP 技术的设备有德国 Envision TEC 公司的 Ultra 3D 打印机（图 2-44），国内迅实科技的 MoonRay DLP 3D 打印机（图 2-45），先临三维的 Accufab-D1 3D 打印机（图 2-46），创想三维的 DLP 3D 打印机等。

图 2-44　德国 Envision TEC 公司的 Ultra 3D 打印机

图 2-45　迅实科技的 MoonRay DLP 3D 打印机

图 2-46　先临三维 Accufab-D1 3D 打印机

* 拓展 3：LCD 成型工艺

LCD 成型工艺是以 DLP 为基础研究开发的新兴增材制造技术。该工艺利用液晶屏 LCD 成像原理，在计算机及显示屏电路的驱动下，由计算机程序提供图像信号，在液晶屏上出现选择性的透明区域，紫外线透过透明区域，照射树脂槽内的光敏树脂，完成曝光固化，如图 2-47 所示。

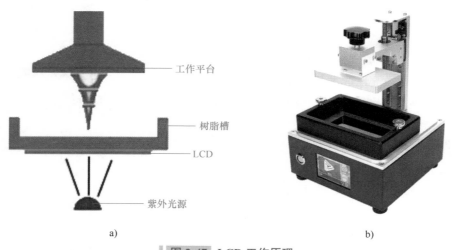

a)   b)

图 2-47 LCD 工作原理

* 拓展 4：连续液态界面成型（CLIP）技术

CLIP 与 DLP 工艺的技术形式基本一致，所不同的是，CLIP 设备具有一个既透明又透气的窗口，允许光和氧气同时通过，在树脂槽底板和液态树脂之间形成含氧"死区"（dead zone）。由于氧阻聚的作用，靠近"死区"的光敏树脂无法固化，"死区"之上的光敏树脂固化并脱离液面，其工作原理如图 2-48 所示。

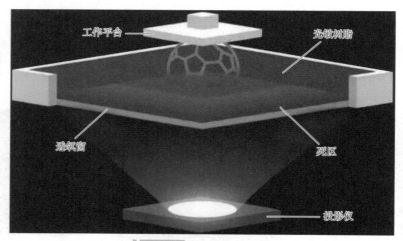

图 2-48 CLIP 工作原理

CLIP 工艺有两个重要技术优势，一是打印速度得到了极大提高，由于建造过程中省去了把模型从树脂槽底板剥离的环节，故比传统的光固化工艺快 25~100 倍；二是在打印厚度上，投影切片图像的连续变化使得分层产生的阶梯纹更加细腻，同时 CLIP 连续生长的建造方式也大大改善了模型的力学性能。传统的 3D 打印模型分层建造力学特性各向异性，而 CLIP 模型力学特性在各个方向趋于一致。图 2-49 所示为 Carbon CLIP 3D 打印机。

2.3.5 3DP 打印成型

1. 3DP 工艺介绍

3DP 工艺是固体粉末材料为原料，使用喷墨技术实现黏结剂的选择性喷射，逐层黏合原料粉末，最终获得实体模型的增材制造工艺，其工作过程类似于普通喷墨打印机。图 2-50 所示为 3DP 工艺 3D 打印模型。

图 2-49 Carbon CLIP 3D 打印机　　　　图 2-50 3DP 工艺 3D 打印模型

3DP 工艺设备系统主要由喷墨系统、运动系统、工作平台、成型缸、供粉缸、铺粉装置和余料回收系统等组成，其工作过程如图 2-51 所示。

1）铺粉辊子将供粉缸送至成型缸，并在工作平台上铺放基础粉末。

2）喷头按照模型片层截面轮廓喷射黏结剂，将截面轮廓内的粉末黏合在一起。

3）工作平台下降一个层厚的高度。

4）铺粉辊子在工作平台上重新铺放一个层厚高度的新粉。

5）喷头再次喷射黏结剂，黏合原料粉末，并与已成型模型黏合在一起。

6）反复循环，直至模型建造完成。

3DP 可使用的原料有石膏粉末、塑料粉末、金属粉末、陶瓷粉末、模具砂等。黏结剂基于印刷四分色模式（CMYK）的基础色混合而将原料粉末着色，从而制造出具有连续色特征的全彩模型，如图 2-52 所示。

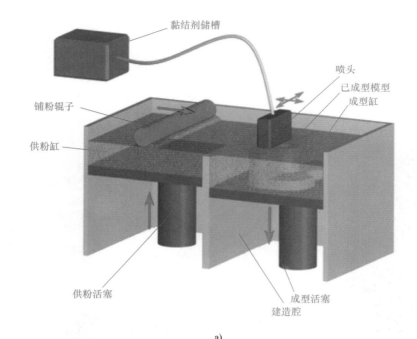

黏结剂储槽

喷头
已成型模型
成型缸

铺粉辊子

供粉缸

供粉活塞

成型活塞
建造腔

a)

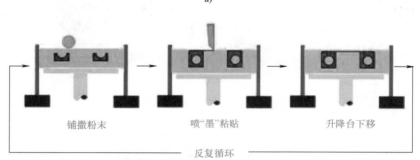

铺撒粉末　　　　　喷"墨"粘贴　　　　　升降台下移

反复循环

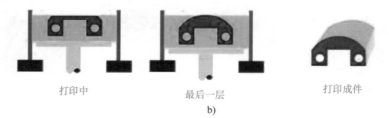

打印中　　　　　最后一层　　　　　打印成件

b)

图 2-51　3DP 工作过程

a)　　　　　　　　　　b)　　　　　　　　　　c)

图 2-52　3DP 全彩模型

d)

图 2-52　3DP 全彩模型（续）

2. 3DP 工艺特点（表 2-4）

表 2-4　3DP 工艺特点

工艺优点	工艺局限性
1）可用于办公环境，易于操作 2）可使用多种粉末材料和彩色黏结剂制作全彩模型 3）未黏结粉末作为支撑结构，不需要单独设计、制作支撑 4）粉末清除方便，适合内腔复杂的模型 5）成型效率高、建造速度快	1）尺寸精度和表面质量不高 2）原料粉末用黏结剂黏合，模型强度不高 3）原材料价格较高

图 2-53　ProJet CJP 660Pro

3DP 技术的优势在于成型速度快，无需支撑结构，能够输出彩色打印产品，这是目前其他技术都较难实现的。3DP 技术的典型设备有 3D System 旗下的 ProJet CJP 系列产品，在建筑设计、消费产品设计与开发、教育、医疗模型、定格动画、专业模型商店和美术生产等领域广泛使用。ProJet CJP 660Pro（图 2-53）具备专业级 4 通道 CMYK 全彩 3D 打印功能，可生产令人惊艳、具有影像级真实色彩的全色谱模型，完美呈现指定的颜色效果，有利于更准确地对设计进行评估。其多打印头最大限度地保证了色彩精确度和一致性，还可实现渐变效果。

* 拓展 5：3DP 金属粉末 3D 打印

3DP 工艺也可用在金属零件的建造上。在建造金属零件时，金属粉末被黏结剂粘合成原型件，之后原型件被从 3D 打印机中取出并放入熔炉中高温烧结，得到金属零件成品。由于烧结后的金属零件一般密度较低，为了获得高密度的成品，在烧结过程中还可将低熔点的合金（如铜合金）渗透到零件中。采用这种工艺可以制造不锈钢、镍合金，以及陶瓷材质的产品，如图 2-54 所示。

* 拓展 6：无模铸造成型（PCM）

3DP 工艺还可以通过非直接的方式辅助制造金属制品——无模铸造成型，即 PCM 工艺。铸造用砂通过 3DP 工艺成型形成砂模，之后便可用于传统的金属铸造。与传统铸型铸造技术相比，PCM 工艺在技术上突破了传统工艺的许多障碍，使设计、制造的工艺约束条件大大减少。PCM 工艺在继承了传统铸造的特点和适用材料的同时，还具备增材制造的特点，如可一体化造型，同时建造型芯，无起模斜度，可制造复杂结构等。图 2-55 所示为 PCM 无模铸造。

a)   b)

图 2-54 3DP 工艺用于金属模型

a)   b)

图 2-55 PCM 无模铸造

SLS 工艺介绍

2.3.6 选择性激光烧结成型

1. SLS 工艺介绍

SLS 是以固体粉末为原材料，采用高能激光选择性地分层烧结材料粉末，并使其烧结成型的增材制造工艺。为了与其他类型材料的增材制造工艺相区别，本书所指 SLS 为以塑料粉末为原材料的增材制造工艺。图 2-56 所示为 SLS 工艺 3D 打印模型。

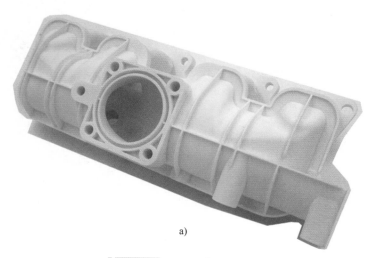

a)

图 2-56 SLS 工艺 3D 打印模型

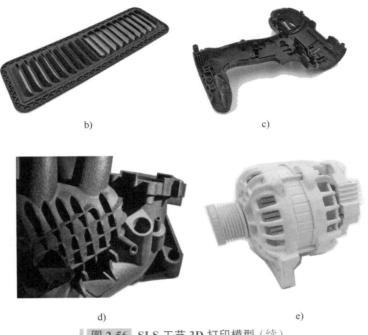

b)   c)

d)   e)

图 2-56 SLS 工艺 3D 打印模型（续）

SLS 工艺的设备系统通常包括激光系统、光学扫描系统、加热系统、工作平台、供粉及铺粉系统等部分。激光系统根据控制信息发射激光束，光学扫描系统将激光束偏转聚焦，照射工作平台上的材料粉末，完成片层二维截面的扫描。SLS 工作过程如图 2-57 所示。

1）铺粉系统在工作平台上铺放基础粉末，铺平并压实。

2）激光束照射工作平台，选择性烧结片层二维截面轮廓区域内的材料粉末，使之熔融固化。

3）工作平台下降一个层厚的高度。

4）铺粉系统再次铺粉、压实。

5）激光束烧结材料粉末，使之熔融固化，与已完成模型粘接在一起。

6）反复循环，直至模型建造完成。

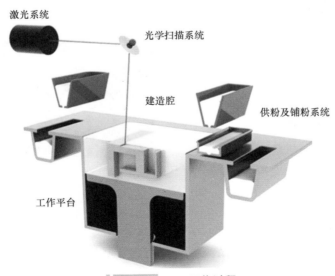

图 2-57 SLS 工作过程

SLS 工艺的工作原理是通过高能激光照射材料粉末，使粉末温度升高至熔化温度，然后熔融粘接固化成型，因此 SLS 可以使用的材料非常广泛，包括塑料、石蜡、金属、陶瓷等。SLS 建造的模型成品精度好、强度高，各项性能指标优于其他增材制造技术，适合制作产品外观模型、功能测试原型件、制造小批量产品等。

2. SLS 工艺特点（表 2-5）

表 2-5 SLS 工艺特点

工艺优点	工艺局限性
1）材料种类多样 2）模型力学性能优异，适合多种用途 3）成型精度高 4）未烧结粉末起支撑作用，无须设计支撑结构 5）材料利用率高	1）技术难度大，建造和维护成本高 2）模型表面粗糙 3）高分子材料建造过程中会挥发出有异味的气体 4）为防止材料高温燃烧，建造腔通常需充入惰性气体进行保护 5）工作环境要求高，须恒温恒湿

3. SLS 3D 打印设备

SLS 是目前工业领域最为成熟的增材制造技术之一，工业级 SLS 3D 打印设备中的代表设备有德国 EOS P 系列产品（图 2-58）和国内工业级 3D 打印领航企业华曙高科 P 系列产品。

党的十九大以来，在国家科技创新政策的引领下，华曙高科取得了进一步发展。2022 年 10 月 10 日，华曙高科举办"厚积薄发　行稳致远—2022 华曙高科新品发布会"，发布多款面向产业化用户的大型多激光金属高效增材制造系统，包括 FS621M、Pro 系列、FS621M-U 系列、FS811M 系列及 Flight 技术最新大尺寸、多激光 Flight HT1001P 系列，再一次以创新推动增材制造产业化进程。其中，HT1001P 系列配备华曙高科自主研发的双激光器（$2 \times 100W$），扫描速度可达 30.4m/s，成型速率为 15L/h，最大成型尺寸为 1000mm × 500mm × 450mm 的 HT1001（图 2-59），已列装宝马慕尼黑 3D 打印工厂。

图 2-58 EOS P396 SLS 3D 打印机

图 2-59 华曙高科 HT1001P SLS 3D 打印机

* 拓展 7：金属 3D 打印 SLM、EBM

金属粉末增材制造工艺能够使高熔点金属粉末直接烧结成型，制造传统加工方法难以制造的具有复杂结构的高强度零件，在航空航天及武器装备制造领域具有重要意义。图 2-60 所示为华曙高科 FS811M 面向航空航天多元应用场景的高效增材制造系统，图 2-61 所示为以金属粉末为原料的金属 3D 打印模型。

以金属粉末为原料的 SLM、EBM 和以非金属材料粉末为原料的 SLS 的工艺过程基本一致，所不同的是，EBM 使用的能量源是电子束，SLM 和 SLS 使用的是激光，而且 SLM 的激光能量比 SLS 大很多。

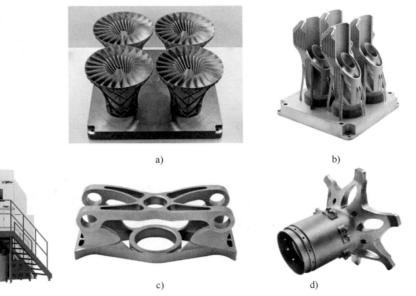

图 2-60　面向航空航天多元应用场景的 高效增材制造系统：华曙高科 FS811M

图 2-61　金属 3D 打印模型（图片来源：华曙高科）

选择性激光烧结的材料是高分子化合物，熔点较低，烧结过程中低熔点材料颗粒浸润高熔点 材料颗粒，所需烧结能量较低；金属材料熔点较高，需要烧结能量更高的高能激光束，甚至高能电 子束。

2.3.7　材料喷射成型

目前采用材料喷射成型技术的 3D 打印设备主要有 Stratasys 公司的 PolyJet 系列和 3D System 公司的 MulitJet 系列。我国珠海赛纳科技自主研发的白墨填充（White Jet Process，WJP）技术填补了 国内在聚合物多材料喷射 3D 打印领域的空白。

1. PolyJet 工艺介绍

PolyJet 工艺是基于液态光敏树脂照射紫外线固化成型原理，通过喷射液滴逐 层堆积而固化成型的材料喷射工艺类型增材制造技术。图 2-62 所示为 PolyJet 工 艺 3D 打印模型。PolyJet 工艺的核心工作部件是阵列式喷头（图 2-63），根据模型 切片的截面信息，微孔喷嘴逐层喷射材料微滴于工作平台上。

PolyJet 工艺介绍

图 2-62　PolyJet 工艺 3D 打印模型

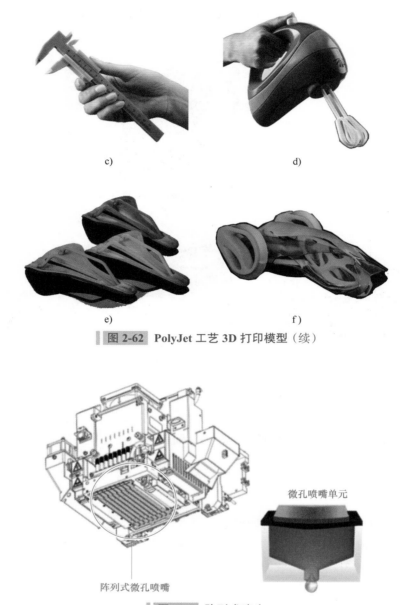

c)　　　　　　　　　　　　　　　d)

e)　　　　　　　　　　　　　　　f)

图 2-62　PolyJet 工艺 3D 打印模型（续）

微孔喷嘴单元

阵列式微孔喷嘴

图 2-63　阵列式喷头

PolyJet 工艺可同时输入多种成型材料，通过材料混合可实现多材质、彩色模型的建造。PolyJet 工艺的运动系统相对简单，只需要在 X、Y、Z 三个方向做直线运动和定位，且三个方向上的运动都是独立进行的，不需要实现联动。PolyJet 工艺的工作过程如图 2-64 所示。

1）喷头沿 X 轴平移，并根据模型片层二维截面信息，在截面实体区域喷射成型材料，在支撑区域喷射支撑材料。

2）喷头喷射材料的同时，位于喷头两侧的辊子铺平液面，紫外光源亮起，照射液态树脂，完成片层固化。

3）工作平台下降一个层厚的高度。

4）反复循环，直至模型建造完成。

PolyJet 工艺必须满足的一个前提条件是：模型材料能通过喷头稳定产生可控的材料液滴，即材料必须具有可打印性。材料的可打印性涉及按需间歇喷射液滴的喷射过程和液滴的形成过程，主要受材料黏度、密度和表面张力等物理参数的影响，图 2-65 所示为工作中的 Stratasys

J750 3D 打印机。

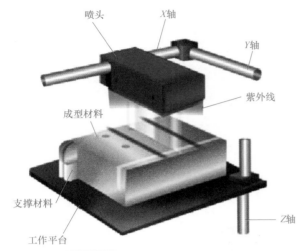

图 2-64　PolyJet 工艺的工作过程

图 2-65　工作中的 Stratasys J750 3D 打印机

PolyJet 模型精度高，细节优异，材料材质丰富，颜色多样，已经被广泛应用在各行各业中，如用于外观验证及装配测试的彩色多材质模型；高精度、高表面质量的模具、夹具，以及小批量产品试制；医疗行业的演示模型，手术导板；包装行业的产品外包装设计、原型验证等。

2. PolyJet 工艺特点（表 2-6）

表 2-6　PolyJet 工艺特点

工艺优点	工艺局限性
1）可同时使用多种成型材料，适合多材质、彩色模型的制作 2）可实现带有贴图、纹理特征的模型制作 3）打印精度高，打印层厚可低至 16μm，产品精细度优异	1）设备精密、维护成本较高 2）需要支撑结构，模型封闭空腔内的支撑无法去除 3）更换材料时和打印过程中有材料损耗，模型制作成本较高

3. PolyJet 工艺设备

PolyJet 是由实体掩模成型（Solid Ground Curing，SGC）发展而来的，SGC 由以色列 Cubital 公司的 Nisson Cohen 发明，Cubital 公司结束经营后，Objet 公司接收相关专利并进行了改良，称其为 PolyJet。图 2-66 所示为 Objet 公司和美国 Stratasys 公司合并后，Stratasys 公司发布的 PolyJet 工艺机型 Stratasys J750，其样品模型如图 2-67 所示。

图 2-66　Stratasys J750 3D 打印机

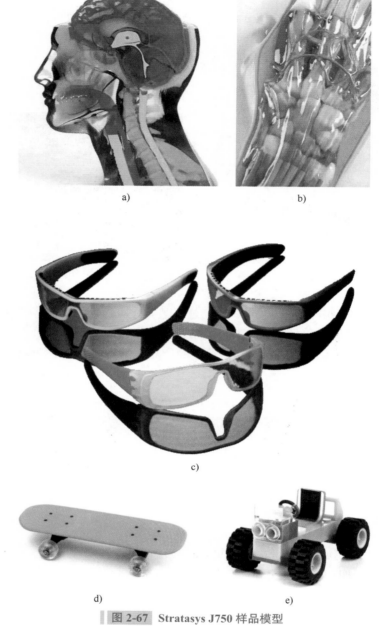

图 2-67 Stratasys J750 样品模型

*拓展 8：白墨填充技术

2014 年，珠海赛纳科技成功地研发了 WJP 技术，填补了我国在多材料成型领域的空白，并于 2017 年成功推出我国首台工业级直喷式彩色多材料 3D 打印机 sailner J501，如图 2-68 所示，成为我国唯一掌握直喷式彩色多材料 3D 打印自主核心技术的厂商。

近年来，赛纳科技的增材制造技术广泛应用于医疗、教育及工业领域，图 2-69 所示为其临床应用上的手术规划模型案例。WJP 技术是一种基于微滴喷射工艺的光固化增材制造技术，在色彩呈现上，基于色

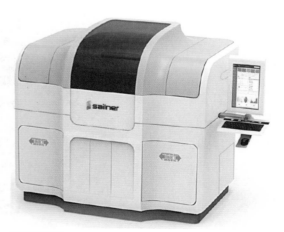

图 2-68 珠海赛纳科技的 sailner J501 3D 打印机

彩管理软件的数字调色功能，多种基础彩色材料可以通过多组材料通路经喷头喷射，并在同一空间体素点进行材料混合，从而创造出新的材料及色彩属性，实现色彩和软硬度属性的梯度变化。在精度控制上，Sailner Studio 打印管理软件基于彩色喷墨原理，自主创新研发了可变墨滴技术和打印补偿墨滴技术，通过添加白墨、透明材料、支撑材料等，实现了全彩色打印功能对墨滴厚度、精度、平整度和色彩的要求。

图 2-69　珠海赛纳科技增材制造技术临床应用案例

2.3.8　激光近净成型

1. LENS 工艺介绍

激光近净成型是通过激光在沉积区域产生熔池并持续熔化粉末或丝状材料而逐层沉积生成零件的金属增材制造工艺。图 2-70 所示为 LENS 加工情境。图 2-71 所示为 LENS 工作原理。

a)　　　　　　　　　　　　　　　b)

图 2-70　LENS 加工情境

2. LENS 工艺过程

1）计算机首先将三维数字模型分层切片，并将每一层的切片截面信息转化为打印设备的运动路径。

2）高能激光束在金属底板上熔化出熔池，同时将金属粉末送入熔池中使其快速熔化。

3）使金属粉末由点到线、由线到面凝固，完成一个层截面的打印工作。

4）层层叠加，制造出近净形的零部件实体。

LENS 使用的材料主要为合金材料粉末，包括不锈钢、钛合金、镍合金等。

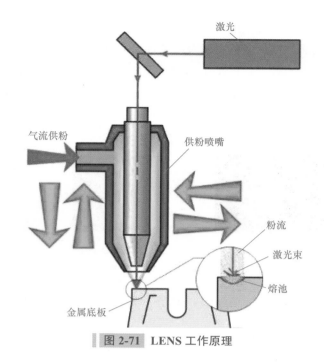

图 2-71 LENS 工作原理

（图中标注：激光、气流供粉、供粉喷嘴、粉流、激光束、熔池、金属底板）

3. LENS 的工艺特点（表 2-7）

表 2-7 LENS 的工艺特点

工艺优点	工艺局限性
1）可实现金属零件的无模生产，节约成本，缩短生产周期 2）解决了复杂曲面零件在传统制造工艺中存在的切削加工困难、材料去除量大、刀具磨损严重等问题 3）无须后处理的金属直接成型方法，成型的零件组织致密，力学性能好，并可实现非均质和梯度材料零件的制造	1）粉末材料利用率较低，成型过程中热应力大，成型件容易开裂 2）受激光光斑大小和工作平台运动精度等因素的限制，直接制造的金属零件的尺寸精度和表面质量较差，往往需要后续的机加工才能满足使用要求

4. LENS 工艺的应用

LENS 工艺主要应用于航空航天、汽车、船舶等领域，用于制造或修复航空发动机和重型燃气轮机的叶轮叶片以及轻量化的汽车零部件等。LENS 技术可以实现对磨损或破损的叶片进行修复和再制造的过程，从而大大降低叶片的制造成本，提高生产率。

思考题 ▶

1. 通过查阅互联网、科技期刊等，整理党的二十大以来我国在增材制造技术领域取得的新进展。

2. 本章提到的增材制造工艺分类的主要依据是增材制造工艺使用的材料类型及其分层制造的实现机理，这也间接决定了 3D 打印设备的机械组成、打印速度、设备和材料成本、模型打印质量等各有不同。请列表比较 FDM、SLA、SLS、3DP 等增材制造工艺在上述性能维度上的差异。

3. 在选择增材制造工艺及其工艺设备时，主要考虑的因素有哪些？试举例说明。

4. SLS 工艺使用的材料是热塑性塑料粉末，例如尼龙粉末，现有的 SLS 工艺设备通常使用的原材料是新粉和回收粉的混合粉末。通过查阅资料找出不直接使用新粉作为原材料的原因。

第3章

3D 打印材料

教学目标 ▲

◆ 知识目标　　1. 了解 3D 打印材料的主要类型。

　　　　　　　2. 不同增材制造工艺对材料的性能要求。

◆ 能力目标　　能够根据模型性能需求选择合适的增材制造工艺和 3D 打印材料。

◆ 素养目标　　提升根据工艺类型和性能需求多途径获取工艺、技术资料的能力。

　　随着技术的不断进步，可用于增材制造工艺的原材料朝着日益多样化和实用化的方向发展。原材料是增材制造技术的物质基础，也是当前制约 3D 打印发展的瓶颈所在。在某种程度上，材料的性能及其发展决定着 3D 打印能否有更广泛的应用。目前应用于增材制造工艺的材料种类繁多，从物理形态上可以归纳为四种：液态材料、片状材料、线状材料和粉末状材料，如图 3-1 所示；从成

a) 液态材料

b) 片状材料

c) 线状材料

d) 粉末状材料

图 3-1 3D 打印材料的物理形态

分组成上，则主要包括工程塑料、液体光敏树脂、橡胶、金属、陶瓷和石膏等材料，见表3-1。除此之外，人造骨粉、生物细胞、巧克力食材等也在相应领域得到了应用和发展。

表 3-1　3D 打印材料的种类

3D 打印材料

物理形态	材料的种类
液态材料	光敏树脂
片状材料	覆膜纸、覆膜塑料片、覆膜金属箔、覆膜陶瓷片等
线状材料	PLA、ABS、TPU、聚醚醚酮（PEEK）、尼龙、碳纤维增强塑料等
粉末状材料	尼龙粉、石膏粉、金属粉、石英砂、TPU 等

3.1 | SLA 工艺用 3D 打印材料

SLA 工艺是最早发展起来的增材制造技术，也是被公认为研究最深入、技术最成熟、工业应用最广泛的增材制造技术之一。目前可用于该工艺的材料主要为液态光敏树脂，成型原理是光敏树脂在紫外线、激光照射下发生交联反应而固化成型，是光引发化学反应的结果。应用于 SLA 工艺的光敏树脂一般应具有以下特性。

1）黏度小。由于液态树脂的表面张力大于固态树脂的表面张力，液态树脂难以自动覆盖已固化片层表面，必须借助刮板将树脂液面刮平，而且只有液面流平后才能开始下一层的打印。这就需要液态树脂具有较小的黏度，以保证其较好的流平性能。

2）固化收缩率小。树脂由液态变为固态，其体积必然要收缩，而收缩会在模型内部产生内应力，容易引起模型的翘曲、变形，严重影响模型的打印精度。

3）固化速率快。在分层制造时，激光束由点到线、由线到面扫描完成片层的固化成型，扫描路径很长，固化速率低将影响成型效率；同时，激光束对一个点的曝光时间为几微秒到几毫秒，固化速率低也将影响固化效果。

4）溶胀小。在模型打印过程中，已固化成型部分始终处于液面之下，长时间浸泡会发生溶胀，只有树脂溶胀小，才有利于保证模型的精度。

5）固化程度高，以减少后固化成型模型的收缩，减小后固化变形。

目前市场上常见的几种光敏树脂如下：

1. 帝斯曼增韧型光敏树脂 DSM Somos EvolVe 128

DSM Somos EvolVe 128（图 3-2）是一种耐用性能优异的光固化 3D 打印材料，能够产出高精度、细节丰富的部件，外观和质感与传统热塑性塑料制品相似，可用于功能测试应用原型件的制造，可广泛应用于航空、汽车、医疗、消费产品和电子行业。

2. 帝斯曼增韧型光敏树脂 DSM Somos Imagine 8000

DSM Somos Imagine 8000（图 3-3）是一种不透明白色、低黏度的液态光敏树脂，具有良好的尺寸稳定性和较长的使用寿命，类似于工程塑料。它制作的模型具有坚固、精确和防潮性能，适合功能原型件、概念模型的小批量生产，可应用于汽车、医疗器械、消费电子产品、玩具行业的样品制作以及快速铸造成型。

图 3-2　DSM Somos EvolVe 128

图 3-3　DSM Somos Imagine 8000

3. 帝斯曼光学透明光敏树脂 DSM Somos Water Clear Ulter 10122

DSM Somos Water Clear Ulter 10122（图 3-4）是一种具有高透光性的光固化 3D 打印材料，可生产无色、精确的功能性原件，制品外观类似有机玻璃，具有出色的透光、防潮和耐高温性能。该材料可用于汽车透镜、瓶子、光导管等功能性模型的制作，还可应用于类似工程塑料的折射值、光透射作业的功能测试。

4. 帝斯曼耐高温光敏树脂 DSM Somos Taurus

DSM Somos Taurus（图 3-5）是一种耐高温的光固化 3D 打印材料，热变形温度为 95℃。其外观和质感接近热塑性塑料，具有较好的力学性能和耐久性，兼顾高精度和表面质量，是制造有较高耐热要求的原型部件或小批量终端部件的理想材料，适合制作功能样机和终端应用、汽车零件、电子产品小体积连接器等。

图 3-4　DSM Somos Water Clear Ulter 10122

图 3-5　DSM Somos Taurus

5. 帝斯曼类 ABC 光敏树脂 DSM Somos ProtoGen O-XT 18420

DSM Somos ProtoGen O-XT 18420（图 3-6）是一种仿 ABS 的光敏树脂，耐化学性优异，可通过控制仪器的照射使其表现出不同的材料性质。在加工时以及加工后对于较宽的温度和湿度范围都具有优异的耐受性，适用于医学、电子、航空和汽车领域精确的 RTV 模式、耐用的概念模型、高度精密的部件、耐湿和耐温部件的加工制作。

6. 帝斯曼低黏度光敏树脂 DSM Somos_GP_Plus_14122

DSM Somos_GP_Plus_14122（图 3-7）是一种白色不透明、低黏度光敏树脂，性能类似于工程塑料 ABS 和 PBT（聚对苯二甲酸丁二酯），可用于汽车、航天、消费品工业等应用领域功能原型、精确医疗和牙齿设

图 3-6　DSM Somos ProtoGen O-XT 18420

备、防水的概念模型、结实的小体积零部件的制造。

7. 帝斯曼类 PC 光敏树脂 DSM Somos_NeXt

DSM Somos_NeXt（图 3-8）是一种白色不透明、低黏度的液态光敏树脂，其耐用性强、强度高、防水性好，性能、外观和触感与热塑性塑料 PC（聚碳酸酯）类似，可用于制作耐用、精确、细节特征清晰、防水防潮的模型，适用于功能测试和对耐用性有要求的小批量生产的航空航天、汽车、消费品领域产品和电子产品等。

图 3-7　DSM Somos_GP_Plus_14122

图 3-8　DSM Somos_NeXt

除上述材料外，美国 Tethon3D 公司推出了一种结合了陶瓷材料的光敏树脂 Porcelite 材料。它既可以像其他光敏树脂一样，在 SLA 打印机中通过紫外光固化成型，在 3D 打印完成后，又可以像陶坯那样放进窑炉里通过高温煅烧变成 100% 的瓷器。处理之后的成品不仅具有瓷器所特有的表面光泽度，而且还保持着光固化 3D 打印所赋予的高分辨率细节。

3.2 | LOM 工艺用 3D 打印材料

LOM 工艺常用的材料包括覆膜纸、覆膜塑料片、金属箔、陶瓷片等片状材料，这些材料除了可以制造模具、模型外，还可以直接制造结构件和功能件。LOM 工艺材料包括片状材料、黏结剂。片状材料可分为纸材、塑料薄膜、金属箔等，目前多为纸材；黏结剂一般为热熔胶。

对于 LOM 打印材料的纸材，原则上只要满足抗湿性、浸润性、足够的抗拉强度、较小的收缩率等要求即可。Helisys 公司除原有的 LPH、LPS 和 LPF 三个系列的纸材品种以外，还开发了塑料和复合材料品种。华中科技大学推出的 HRP 系列成型机和成型材料，也具有较高的性价比。

3.3 | FDM 工艺用 3D 打印材料

目前可用于 FDM 工艺的材料主要为低熔点聚合物，成型材料包括 PLA、ABS、尼龙、PC、石蜡、聚苯砜等；支撑材料有两种类型，一种是剥离性支撑，需要手动剥离模型表面的支撑；一种是水溶性支撑，可用碱性水溶液溶解去除。

用于FDM工艺的热塑性塑料应具有低的凝固收缩率、陡的黏温特性曲线和较好的强度、刚度、热稳定性等物理力学性能。具体而言，应满足以下要求。

1）力学性能要求。FDM工艺的线状材料进料方式要求线材具有一定的弯曲强度、压缩强度和拉伸强度，这样在驱动摩擦轮的牵引和驱动力作用下才不会发生断丝现象。

2）收缩率要求。成型材料的收缩率越小越好。如果成型材料收缩率较大，会产生内应力，使模型变形和翘曲。

3）材料性能要求。成型材料应能保证各层之间有足够的粘接强度。

FDM 3D打印技术经常会用到的材料主要包括工程塑料（ABS和PLA）、柔性材料（TPE/TPU）、木质感材料、金属质感材料（Metal PLA/Metal ABS）、碳纤维材料、夜光材料等。

以下为几种典型FDM工艺成型材料。

1. ABS

ABS具有优良的综合性能和力学性能，极好的低温抗冲击性能和尺寸稳定性、电性能、耐磨性、耐化学性、染色性。ABS 3D打印件的强度可以达到ABS注塑件的80%，而其他属性，如耐热性与耐化学性，也近似或是相当于注塑件，这让ABS成为FDM工艺功能性测试应用中广泛使用的材料。

2. PLA

对于桌面型3D打印机来说，PLA是一种常用的FDM工艺打印材料。PLA可以降解，是一种环保材料，一般情况下不需要加热床，所以PLA更容易使用。PLA有多种颜色可以选择，而且还有半透明材料以及全透明的材料。

3. TPE/TPU 柔性材料

TPE/TPU是一种柔软但又具备足够韧性的材料，非常适合用于制备需要类橡胶性能的零件。它具有很大的弹性，可以反复拉伸、移动和冲击而不会磨损或降解。在工业应用中，TPE/TPU通常用于汽车部件、医疗用品、家用电器领域，可制作密封件、垫圈、鞋底、智能手机壳、腕带等。

4. 碳纤维增强线材

碳纤维增强线材是在高强度PLA、尼龙以及其他聚合物的基础上改进而来的，本身包含了大量长短不一的碳纤维，以增加聚合物的强度和刚度，从而有效强化3D打印模型，其刚度和强度都远超过普通PLA和ABS。碳纤维增强线材的强度与金属相当又非常轻，在需要考虑重量与强度比的行业，如航空航天、汽车领域都有广泛的应用前景。

5. PEEK

PEEK是一种半结晶热塑性塑料，具有耐高温性、自润滑性、化学稳定性、耐辐射和电气性能，以及优异的力学性能，被认为是世界上性能最好的工程热塑性塑料之一。PEEK可用于制造航空航天、汽车、石油天然气和医疗行业的苛刻应用物品。在生物医学领域，PEEK具有优良的生物相容性，与金属材料的植入体相比，其弹性模量与人骨的弹性模量更接近，能够满足人体正常的生理需要，是一种良好的骨科植入物材料。

6. 尼龙

尼龙有优良的韧性、耐磨性、耐疲劳性等，在工业上广泛应用。尼龙12 FDM线材适合高耐疲劳度的应用，如可重复使用的摩擦贴合嵌件。在航空航天和汽车制造领域，尼龙可制作工具、夹具和卡具以及用于内饰板、低热进气组件以及天线罩的原型；在消费品开发方面，可制作用于卡扣面板以及防冲击组件的耐用原型。

7. 金属质感线材

金属质感线材是一种以PLA或ABS为基材混合了金属粉末的材料。其模型抛光后，可显现青铜、黄铜、铝或不锈钢的金属质感。金属质感线材比普通ABS、PLA材料重很多，所以手感不像塑料，而更像金属。

8. 导电线材

导电线材是在常规材料如 ABS 中掺入碳粉来实现导电性能，可用于制作电容式（触摸）传感器，可穿戴应用中的传感器、印制电路，在电子设备中有广泛应用。

3.4 | SLS 工艺用 3D 打印材料

SLS 工艺使用粉末材料，经激光加热熔化固化成型。理论上，任何被激光加热后能够在粉粒间形成连接的粉末材料都可以作为 SLS 的成型材料。SLS 技术使用的微米级粉末材料包括塑料、石蜡、陶瓷、金属及其复合粉末。塑料粉末可以制作原型及功能零件；石蜡可以制造精密铸造用蜡模；陶瓷可以制造铸造型壳、型芯和陶瓷构件；金属可以制造金属结构件。

SLS 工艺常用的材料以高分子材料居多，表 3-2 为华曙高科开发的 SLS 高分子材料系列。

表 3-2　华曙高科开发的 SLS 高分子材料（资料来源：华曙高科官网）

材料	材料性能	示例
FS4100PA	韧性好，耐热性能好，吸水少，耐腐蚀，由于来源于天然原料，生物相容性好，耐低温	
FS3300PA	韧性好，耐热性能好，吸水少，耐腐蚀，表面质量好，易喷漆，成型过程稳定，尺寸稳定性好，生物相容性好，适合功能件验证，小规模生产，替代 CNC 和注塑件	
FS3401GB	刚性好，耐热性能好，成型过程稳定，尺寸稳定性好，适合功能件验证，小规模生产，替代 CNC 和注塑件，特别适合应用于汽车、家用电器、手板模型等	
FS3250MF	刚性好，耐热性能优异，适合汽车、电子电器等行业的应用	

（续）

材料	材料性能	示例
FS3150CF	比强度高，刚性优异，耐热性能优异，适合轻量化应用，特别适合汽车、摩托车、航空航天等行业的应用	
FS3300PA-F	Flight 尼龙 12 类材料，表面质量好，成型速度快，综合性能优异，适用于大部分的应用场合	
FS3401GB-F	为 Flight 玻璃微珠加强材料，刚性更优异，非常适合作为结构支撑功能零件或者壳体，例如电动工具外壳等	
FS3201PA-F	制件力学性能出色，有超高加工精度和细节分辨率，适合高性能件、薄壁件的应用	
LUVOSINT TPU X92A-1064 WT	淡灰色 TPU 粉末，TPU 柔性材料，打印性能优异	
FS1088A-TPU	具有高弹性、高耐冲击性、耐腐蚀、耐低温、耐疲劳性能好等特点，适合应用于汽车内外饰、坐垫、医疗用品、服饰、箱包、头盔内衬、鞋底等	
FS8100PPS	具有耐热性能优异、吸水少、耐腐蚀、阻燃、绝缘等特征，适合汽车、电子电器等行业的应用	

（续）

材料	材料性能	示例
Ultrasint PP nat 01	韧性优异，基本不吸水，耐腐蚀、耐化学性能优异，在工业领域应用广泛	
FS6140GF	刚性优异，耐热性能优异，耐腐蚀，适合功能件验证，小规模生产，替代CNC和注塑件，特别适合汽车、电子电器等行业的应用	

3.5 3DP 工艺用 3D 打印材料

3DP 工艺使用的打印材料为粉末材料，如陶瓷粉末、石膏粉末、金属粉末、塑料粉末等，通过喷头喷涂黏结剂将零件的截面"印刷"在材料粉末上，其打印过程类似于纸张彩色打印，可以通过设置三原色黏结剂及喷头系统，实现彩色立体打印。彩陶工艺品的 3DP 打印制作已经获得很多应用，该工艺是继 SLA、LOM、SLS、FDM 四种工艺之后逐渐获得广泛应用前景的增材制造工艺技术。

1. 陶瓷粉末及黏结剂

陶瓷粉末 3DP 打印质量取决于黏结剂的性能。由于陶瓷粉末密度较大，纳米级陶瓷粉又容易形成团聚体，因此陶瓷黏结剂一般由陶瓷微粉、分散剂、结合剂、溶剂及其他辅料构成。陶瓷微粉粒度要小于 $1\mu m$，颗粒尺寸分布要窄，颗粒之间不能有强团聚；分散剂帮助陶瓷微粉均匀分布在溶剂中，并保证在打印之前微粒不发生团聚；结合剂用于在溶剂挥发后，保障打印的陶瓷坯体具有足够的粘接强度，便于坯体转移操作；溶剂是把陶瓷微粉从打印机输送到基板上的载体，同时又控制着干燥时间。

2. 石膏粉末

石膏是以硫酸钙为主要成分的气硬性胶凝材料，石膏的微膨胀性使得石膏制品表面光滑饱满，颜色洁白，质地细腻，具有良好的装饰性和加工性，是用来制作雕塑的绝佳材料。石膏粉末相对于其他材料具有诸多优势，其特点如下：

1）精细的颗粒粉末，颗粒直径易于调整。

2）安全环保，无毒无害。

3）可形成沙粒感、颗粒状的模型表面。

4）材料本身为白色，打印模型可实现彩色。

5）支持全彩色打印。

从 3D 打印的特点出发，结合各种应用要求，发展全新的打印材料，特别是纳米材料、非均质材料、其他方法难以制作的复合材料、直接打印制作高致密金属零件的合金材料、功能梯度材料、生物材料等将是 3D 打印材料的发展方向。另外，推进 3D 打印材料的系列化、标准化、绿色环保化，并借助"3D 打印 +"的理念，不断拓展增材制造技术与传统制造业的深入融合，将是 3D 打印材料不断扩大产量的发展方向。

思考题

1. 增材制造工艺的工艺基础是原材料能够以合适的工艺方法分层固化，然后堆叠成型，因此对特定材料，找到与其匹配的分层固化方法就可以演化出相应的增材制造工艺。例如 FDM 工艺中，将热塑性塑料替换成水泥，就变成了可用于建筑的 3D 打印机；替换成蜡丝，则变成了蜡模 3D 打印机。开动脑筋，发挥想象力，还有哪些材料在特定工艺条件下可以作为增材制造工艺的原材料？

2. SLS 工艺使用的原材料是热塑性塑料粉末，然而并不是所有的热塑性塑料都可以作为 SLS 工艺的原材料，其原因除塑料熔融状态下的流动性和热力学性能外，材料本身还需具有合适的"烧结温度窗口"，这里的"烧结温度窗口"的物理意义是什么？

第 4 章

增材制造技术的工业应用

教学目标

◆ 知识目标　**1. 了解增材制造技术相对于传统制造技术的工艺优势。**
　　　　　　　2. 了解增材制造技术在传统制造领域的应用情况。

◆ 能力目标　**能够在传统制造工艺流程中，根据实际生产需要合理选择增材制造工艺。**

◆ 素养目标　**了解我国 3D 打印在工业领域内应用的进展情况，特别是 3D 打印在国家重点工程中起到的作用。**

　　3D 打印技术突破了面向制造工艺的产品设计概念，实现了面向性能的产品设计理念，既解决了复杂结构零件难以整体制造的工艺难题，又减少了机械加工带来的原材料和能源浪费，因而方兴未艾。

　　在材料加工和产品制造领域，按照是否去除材料，可将现有的加工制造工艺划分为等材制造、减材制造和增材制造三个类型。3D 打印技术作为一种重要的增材制造技术，突破了传统制造业技术的四个复杂性难题，即形状复杂性、材料复杂性、层次复杂性和功能复杂性。

　　1）形状复杂性。几乎任意复杂的形状，只要在三维设计软件中设计出来，就能通过增材制造技术制造出来，如图 4-1 所示 3D 打印模型。

　　2）材料复杂性。全彩色、异质、功能梯度材料的结构，均可用 3D 打印技术实现，如图 4-2 所示 3D 打印模型。

a)

b)

■ 图 4-1　SLM 3D 打印模型

■ 图 4-2　PolyJet 3D 打印模型

　　3）层次复杂性。传统加工技术难以实现的多尺度（宏、介、微观），如原子打印、细胞打印，都可通过 3D 打印实现。

2024 年 8 月，中国科学院合肥物质院强磁场中心王俊峰研究员团队在开发新型 3D 生物打印复合材料用于组织工程修复领域取得了系列研究进展，相关研究发表在国际期刊《材料与设计》（Materials & Design）和《国际生物大分子杂志》（International Journal of Biological Macromolecules）上，图 4-3 所示为个性化 BBG/PCL 复合多孔支架的 SLS 制备过程。

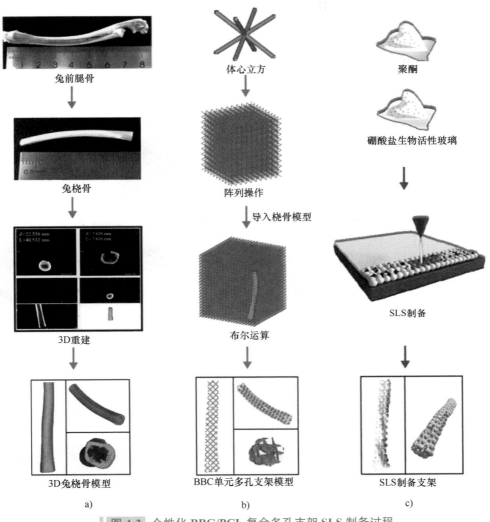

图 4-3 个性化 BBG/PCL 复合多孔支架 SLS 制备过程

4）功能复杂性。对于结构复杂的零件，3D 打印技术可以实现整体打印成型，避免了将一个复杂零件进行分拆制造后通过焊接成型而带来的质量增大和潜在的质量缺陷问题，甚至能够取消复杂零部件的装配，如图 4-4 所示 3D 打印模型。

3D 打印直接将虚拟的数字化模型转变为实体产品，极大地简化了生产流程，降低了研发成本，缩短了研发周期，使得任意复杂结构零件的生产成为可能，对面向功能的产品设计具有重大的推进作用。3D 打印以其颠覆性的加工方法，

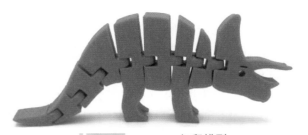

图 4-4 FDM 3D 打印模型

已迅速融入现代制造体系中，对传统制造的工艺流程、生产线、工厂模式、产业链组合等产生了深刻影响。增材制造技术既能在直接整体成型方面独树一帜，又能与铸造、机械加工等传统制造工艺

交叉融合，改造和提升传统的制造业。

4.1 3D 打印终端产品制造

3D 打印不受工艺限制、直接制造复杂结构模型的技术特点使其在终端产品制造上有着广阔的应用前景。在汽车制造中，采用增材制造技术，可按需设计汽车发动机关键部件的结构和形状，实现最优轻量化设计；在飞机、航天器关键零件的设计制造上，可以加快关键零件的开发与制造速度，提高创新能力和性能水平。

1）2021 年 8 月 20 日，GE 航空增材制造中心第 10 万个 3D 打印发动机喷油器（图 4-5）下线，标志着其达到了 10 万级的生产规模。与传统制造工艺相比，此 3D 打印喷油器的优势如下。

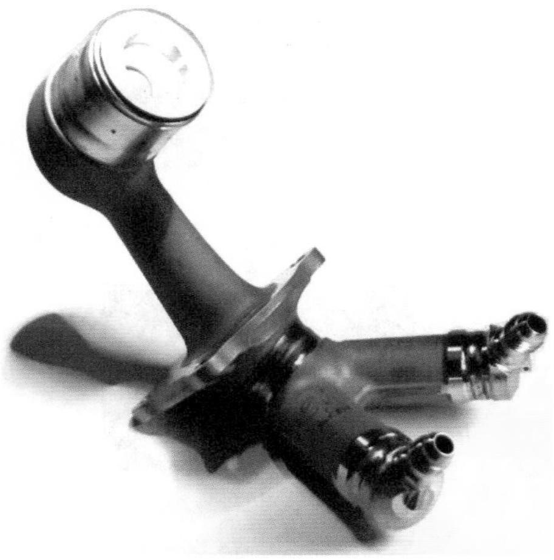

① 原本需要 20 个零件进行组装，3D 打印仅需 1 个零件，1 次打印成型。

② 一体化设计，总体重量减轻 25%。

③ 制造成本降低 30%。

④ 部件寿命延长 5 倍。

⑤ 库存降低 95%。

图 4-5 GE 3D 打印发动机喷油器

2）保时捷通过 SLM 工艺为 911 GT2 RS 双涡轮增压发动机生产活塞（图 4-6），不但实现了轻量化设计的目标，还通过活塞的优化设计使发动机获得更强的动力与更高效率，具体数据如下。

① 活塞重量减轻 10%。

② 发动机转速提高 300r/min。

③ 发动机功率增加近 30bhp$^{\ominus}$。

3）在我国，3D 打印在航空航天领域也有了多项开拓性的应用。

① 北京航空航天大学利用激光直接成型技术制造出了大型飞机钛合金主承力构件加强框（图 4-7），使我国成为迄今国际上唯一实现激光成型钛合金大型主承力关键构件在飞机上实际应用的国家。

图 4-6 保时捷 911 GT2 RS 3D 打印的发动机活塞

② 西安交通大学开展利用激光金属直接成型技术制造空心涡轮叶片方面的研究，成功制备出了具有复杂结构的空心涡轮叶片（图 4-8）。

③ 国产大飞机 C919 装载了 28 件 3D 打印的钛金属舱门构件（图 4-9），2 件风扇进气入口构件。

④ 西北工业大学与中国商用飞机有限公司合作，应用激光立体成型技术为国产大飞机制造中央翼缘条。缘条长 3.07m，重 196kg，于 2012 年 1 月打印成功，同年通过性能测试，2013 年成功应用在国产大飞机 C919 首架验证机上（图 4-10）。

$\ominus$ 制动马力。1bhp=0.73kW。

图 4-7 北京航空航天大学制造的大型飞机钛合金主承力构件加强框

图 4-8 西安交通大学制造的空心涡轮叶片

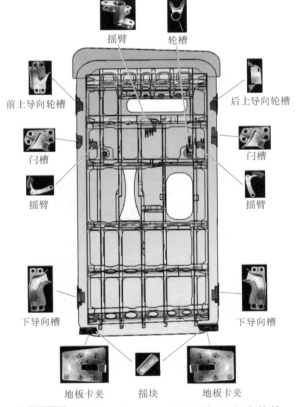

摇臂　轮槽

前上导向轮槽　后上导向轮槽

闩槽　闩槽

摇臂　摇臂

下导向槽　下导向槽

地板卡夹　摇块　地板卡夹

图 4-9 国产大飞机 C919 舱门上的 3D 打印构件

图 4-10 西北工业大学 3D 打印钛合金 C919 中央翼缘条

4.2 3D 打印与传统铸造工艺结合

增材制造技术与传统铸造工艺相结合,加快了传统制造业改造升级的速度。

1. 增材制造技术与熔模铸造相结合

熔模铸造工艺的核心在于蜡模的制备。对于形状复杂的产品,蜡模的制备工序繁复、耗时,具有很大的工艺局限性,利用 3D 打印技术制作蜡模(图 4-11),则大大简化了这一工序。用 3D 打印技术制作的蜡模具有较小的表面粗糙度值和较好的尺寸稳定性,并且拓展了产品的设计空间,可创建出复杂几何形状的精密模型。3D 打印与熔模铸造相结合已广泛应用于珠宝首饰、微型医疗器械、齿轮、电器元件、小雕像、复制品、收藏品和机械零件等精密熔模铸造领域（图 4-12 和图 4-13）。

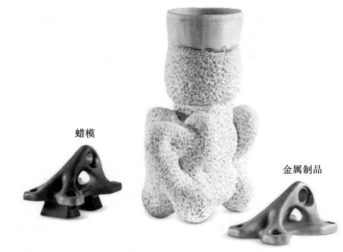

蜡模

金属制品

图 4-11 熔模铸造

图 4-12 用 3D 打印技术制作的蜡模
（来源：3D system 官网）

图 4-13 3D System 高质量熔模铸造金属铸件
（来源：3D system 官网）

2. 增材制造技术与消失模铸造相结合

消失模铸造是一种精密铸造工艺，用易熔材料制成可熔化消失的模型，模型经过高温汽化后形成铸型空腔，向其内浇注熔融金属，冷却后去壳得到金属铸件。随着增材制造技术的快速发展，结合计算机技术的应用，将产品三维数字模型导入 3D 打印设备，可以直接得到用于替代传统蜡模的铸造原型，如图 4-14 所示。

a)

b)

图 4-14 3D 打印消失模铸造工艺

SLA 工艺在消失模铸造领域中有着广阔的应用前景，其优势在于：使精密铸造更加适应现代工业对铸件快速制造、优质、可铸造复杂结构件的要求，生产更具灵活性；在精密铸件结构设计和工艺制订中减少了工艺限制因素；免去了制作蜡模的工序，缩短了生产周期；可以生产高质量、高精度，具有复杂结构的铸件，拓展了设计空间；成本低、清洁环保、设计灵活，符合铸造技术的发展趋势。

3. 3D 打印与砂型铸造相结合

传统铸造行业离不开砂型，使用砂型增材制造技术——无模铸造（PCM）直接打印砂型，省去了传统砂型铸造工艺中的铸型，按照铸型的三维数字模型（包括浇注系统等工艺信息）的几何信息直接制造铸型，是对传统铸造工艺的重大变革。2021 年 8 月 3 日，甘肃首个 3D 打印智能铸造项目在酒钢集团西部重工股份有限公司落地。该项目面向核电、水电、特种车辆、航空等高端铸件市场，通过新工艺设备与数字化、智能化系统融合，助力传统铸造工厂向绿色智能工厂转型。图 4-15 所示为甘肃酒钢集团西部重工股份有限公司部分 3D 打印砂型及铸件。

a) 砂型

b) 铸件

图 4-15　甘肃酒钢集团西部重工股份有限公司部分 3D 打印砂型及铸件

4.3 3D 打印与传统模具制造工艺结合

3D 打印与模具制造相结合是 3D 打印增长快速的工业应用之一，主要用于注射成型和压铸成型的模具组件，如型腔、型芯、浇口嵌件和浇口衬套等。将 3D 打印作为模具制造的优先选择方法的原因主要有以下两点。

1）3D 打印可以实现内部结构复杂的模具镶块的加工制造，例如注射模具镶块中的冷却管线加工。传统数控加工只能加工直线形和直角形的冷却管线，对于螺旋形的随形冷却管线很难加工。采用 3D 打印工艺制造带有随形冷却管线的模具镶块，可以更好地控制模具温度、减少废品、缩短注射周期、提高尺寸稳定性和表面质量，并促进脱模。经实验比较，3D 打印的随形冷却模具镶块

图 4-16　3D 打印的随形冷却模具镶块（图片来源：华曙高科）

（图 4-16）具有显著的冷却效果：冷却周期从 24s 减少到 7s，缩短了 71%；平均注射温度从 95℃降至 68℃；温度梯度由 12℃减小到 4℃（温度梯度过大，成型的塑料制品会产生翘曲变形），缺陷率由 60% 降至 0%；制造速率提高到 3 件 /min，在塑料成型的竞争市场中，这种生产力提升具有相当大的竞争优势。

2）采用增材制造技术加工的模具组件具有速度优势可有效缩短交货周期。同样的加工任务，3D 打印可以在几天内完成，而采用传统工艺加工则需要几周甚至几个月的时间，大大缩短了交货周期。图 4-17 所示为金属 3D 打印模具。

a) b)

c)

图 4-17 金属 3D 打印模具（图片来源：华曙高科应用案例）

4.4 3D 打印与传统热等静压工艺结合

随着军工、航空航天科技的发展，复杂结构关键零件的制造方法从以往采用机加工、精密锻造、焊接逐渐转向整体成型设计，精密铸造成为主流成型工艺。但精密铸造在加工实施过程中存在着组织不均匀、力学性能偏低、结构易变形、尺寸控制困难、成品率低等问题。传统热等静压（Hot Isostatic Pressing，HIP）工艺是一种集高温、高压于一体的生产技术，其工艺过程是将粉末材料放置到密闭的容器中，向制品施加各向相等的压力，同时施以高温，在高温高压的作用下，粉末材料得以致密化。热等静压工艺的优点在于产品具有锻件的综合力学性能和精密铸造的表面质量，整体近净成型的尺寸精度可达 0.1mm，而且几乎不存在材料损耗；局限性在于外壳制造困难、异质外壳难去除、异质外壳与粉末存在界面污染。

3D 打印与热等静压工艺相结合，集合了二者的优点，为高性能、复杂结构零件的加工制造提供了解决途径：热等静压使零件获得了良好的综合力学性能；3D 打印解决了复杂结构外壳整体成型和同质外壳与粉末界面污染问题，其加工过程如图 4-18 所示。

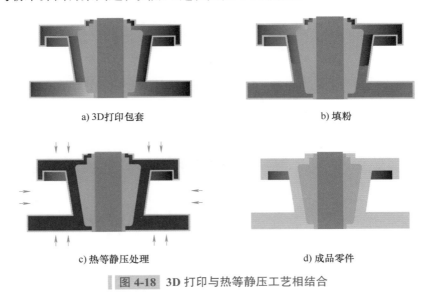

a) 3D打印包套　　　　　　　　　　b) 填粉

c) 热等静压处理　　　　　　　　　　d) 成品零件

图 4-18　3D 打印与热等静压工艺相结合

4.5　3D 打印与传统机加工结合

增材制造虽然是一种高效的加工制造方法，但所制造出来的零件，无论是几何尺寸精度还是表面粗糙度，都存在不足，而减材加工制造方式可以根据实际需求进行切割、铣削，实现高精度加工。因此，将金属 3D 打印技术与数控加工进行结合，发挥二者各自的技术优势，可实现具有高质量表面特征的复杂结构金属零件的加工制造。3D 打印与机加工相结合的方式表现在二者工作流的整合和工作过程的复合上。

1. 整合 3D 打印与机加工工作流的金属零件加工成型方法

整合 3D 打印与机加工工作流，其实质是分段式的加工成型方法，先由 3D 打印设备制造出金属零件坯体，再转入数控机床在装配面上进行切削加工，得到高质量表面。2020 年 5 月 14 日，3D 打印企业 3D Systems 与机床厂商 GF 在南极熊 3D 打印平台做了整合 3D 打印和机加工工作流的案例介绍。如图 4-19 所示金属零件，对于非装配面，3D 打印的表面粗糙度值为 $Ra4\sim7\mu m$ 即可满足使用要求，而对于装配面，其表面粗糙度值需达到 $Ra0.8\mu m$ 才能满足工艺要求，这时就需要用到 CNC 等机加工工艺。

如图 4-20 所示用于植入人体的髋臼杯是金属 3D 打印在医疗领域的应用案例，其主体结构采用金属 3D 打印技术制造，外球面的粗糙结构可以直接满足使用要求，而内球面则需要进行进一步的车削加工，以达到要求的表面粗糙度。

2. 3D 打印与传统机加工技术相结合的复合成型技术

3D 打印与传统机加工技术相结合的复合成型是把二者的工作过程相复合，实现边 3D 打印边切削加工的加工制造过程。目前市场上主要有两种技术形式：选择性激光烧结与数控加工复合，如日本松浦 LUMEX Advance-25 金属激光造型复合加工机床（图 4-21）；激光熔覆和数控加工相复合，如德玛吉 DMG Mori 混合铣床 LASERTEC 65（图 4-22）。

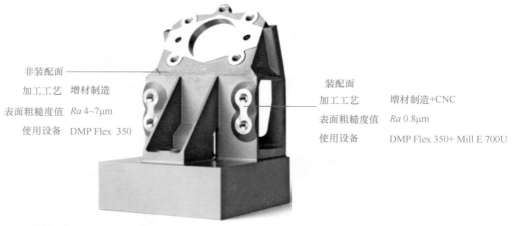

非装配面
加工工艺　增材制造
表面粗糙度值　Ra 4~7μm
使用设备　DMP Flex 350

装配面
加工工艺　增材制造+CNC
表面粗糙度值　Ra 0.8μm
使用设备　DMP Flex 350+ Mill E 700U

图 4-19　**3D 打印与机加工复合案例**（来源：3D Systems 和 GF 在南极熊平台分享案例）

内球面
加工工艺　增材制造+车削
表面粗糙度值　Ra 0.1~0.5μm
使用设备　DMP Flex 350
　　　　　+Citizen M32

外球面
加工工艺　增材制造
表面粗糙度值　Ra 4~7μm
使用设备　DMP Flex 350

图 4-20　**3D 打印与机加工复合案例**（来源：3D Systems 和 GF 在南极熊平台分享案例）

图 4-21　**LUMEX Advance-25 金属激光造型复合加工机床**

图 4-22　**DMG Mori 混合铣床 LASERTEC 65**

3D打印与传统制造工艺的结合，可以取长补短，发挥二者的优势，使加工制造过程达到全新水平。3D打印的巨大潜力是生产技术的革新，它提供了新的设计可能性，同时加快了生产速度，使制造过程得以更加高效。

思考题

1. 在金属3D打印领域，我国的应用研究水平处于国际领先地位，研究成果在我国"高精尖国之重器"的研发过程中发挥了巨大的促进作用，这离不开我国3D打印领域科研人员的辛勤努力。请通过查阅信息资料，了解我国3D打印领域领军人物及其突出成就。

2. 3D打印制造过程几乎不受模型结构复杂度影响的工艺特点，使其在珠宝首饰设计行业有着巨大的应用潜力。试通过查阅资料，总结可用于该行业的增材制造工艺有哪些，并简要说明其工艺过程。

第5章

增材制造工艺设备操作

教学目标 ▸

◆ 知识目标　1. 了解 STL 文件格式。

2. 掌握 3D 模型切片、摆放、支撑结构与打印质量的关系。

3. 了解典型 3D 打印设备的组成和操作步骤。

◆ 能力目标　能够根据 3D 模型特点、应用场合、性能要求等因素合理选择增材制造工艺和设备。

◆ 素养目标　通过 3D 打印设备的操作提高安全生产的工作素养和团队协作的能力。

5.1 ｜ 3D 打印设备操作相关知识

STL 格式文件

5.1.1　STL 格式文件

STL 格式是目前 3D 打印设备使用最多的一种接口文件格式，是由 3D Systems 公司于 1988 年制定的一个接口协议，是为增材制造技术服务的三维图形文件格式，它将复杂的数字模型以一系列三角面片来近似表达。STL 模型是空间封闭的、有界的、正则的唯一表达物体的模型，具有点、线、面的几何信息。在平面图形中，3 个不同位置的点确定了该平面上一个三角形的位置和形状。在三维空间里，每一个点都有其自身的 X、Y、Z 三维坐标（图 5-1），两个点相连构成一条线，3 个点两两相连则构成一个三角面片，大量的三角面片通过共用点和共用边构成具有三维形态和体积的三维模型。

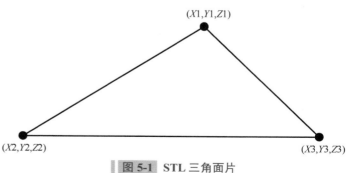

■ 图 5-1　STL 三角面片

根据"点—线—面—体"的逻辑关系，对于一个三维实体模型，其表面可以看成是由无数三维空间点所构成，抽取部分点，以三角面片的形式通过共点和共边相互连接，就可以模拟该模型的三维空间形态。可见，三角面片的尺寸将影响三维模型的模拟精度：其尺寸越小，越逼近真实形态，模型细节越丰富；其尺寸越大，模型形态越失真，丢失的细节越多，如图5-2所示。

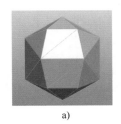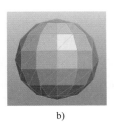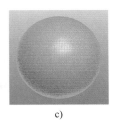

a)　　　　　　　　　　b)　　　　　　　　　　c)

图 5-2　由不同大小三角面片模拟的同一球体

　　STL 文件仅通过记录模型表面三角面片信息（三个顶点坐标和外法线矢量）来描述三维模型的表面几何属性，这些信息不涉及色彩、纹理及其他属性等复杂的数据结构，使得 STL 文件不依赖于三维模型的建模方式，不论是用 Creo、UG、SolidWorks 等工程三维软件，还是用 Rhino、Maya、3ds Max 等工业设计软件搭建的模型，模型表面都可以离散成三角面片的形式，并输出 STL 文件。

Creo 导出 STL
格式文件

　　以 Creo（图 5-3）为例，输出 STL 格式文件的步骤如下。

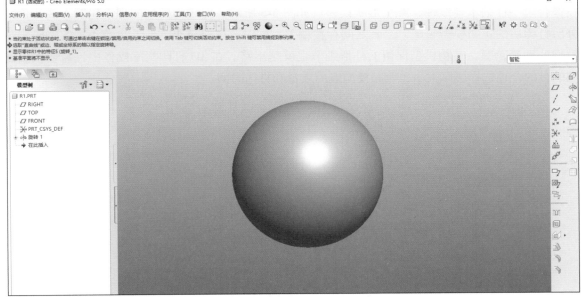

图 5-3　建模

　　在 Creo 软件环境中，在菜单栏依次单击"文件"→"另存副本"→"类型"→"STL"→"确定"，在弹出的"导出 STL"窗口内进行参数设置，如图5-4所示。

　　Creo 导出 STL 需设定的参数主要包括以下几项：

　　1）弦高：三角面片到实际曲面的距离，表示三角面片逼近曲面的相对误差。

　　2）角度控制：三角面片与其逼近曲面切平面的余弦。

　　3）步长大小：相邻两个三角面片之间的空间距离。

通常，弦高值越小、步长越小，拟合的三角面片数量越多，生成的 STL 文件精度就越高，同时 STL 文件存储空间就越大，3D 打印处理数据的速度就越慢，从而影响 3D 打印的工作效率。

除 STL 格式之外，常用的 3D 打印文件格式还有 OBJ、VRML 等格式。OBJ 格式支持多边形（Polygons）模型，支持 3 个顶点以上的面，同时包含法线和贴图坐标。在模型编辑软件（如 Maya、Materialise Magics）中，调整好模型贴图后，导出 OBJ 格式文件，可以将贴图信息存储在 3D 模型文件中。将模型文件导入彩色 3D 打印设备系统中即可打印带有彩色、贴图的 3D 打印实物模型。VRML 格式与 STL 相比，可以存储 UV 贴图 3D 模型，使其适用于彩色增材制造工艺类型的 3D 打印设备。

图 5-4　Creo 导出 STL 格式

5.1.2　三维数字模型切片

在进行 3D 打印操作的过程中，切片是无法避免的操作步骤。切片的主要设置参数为层厚，对于同一个三维数字模型，层厚越小，层数越多，则打印时间越长；反之，层厚越大，层数越少，则打印时间越短。

三维数字
模型切片

增材制造工艺自身的工作原理决定了实物模型在相邻切片之间存在着"阶梯纹"。分层切片不仅破坏了模型表面的连续性，而且也丢失了相邻片层之间的形状信息，导致实物模型在分层方向上存在像台阶一样的不连续性，产生形状误差。如图 5-5 所示，虚线为模型的理论轮廓，浅蓝色折线为分层打印后的实物模型轮廓，二者之间存在偏差；同时，层厚越小，偏差也越小，实物轮廓越逼近模型的理论轮廓，实物模型保留的外形细节也就越丰富。在 3D 打印实际操作中，需要根据制作模型的目的合理选择层厚大小，兼顾模型表面质量和打印时间。

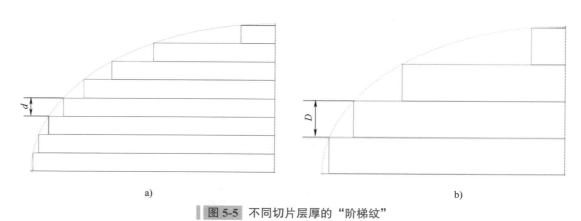

a)　　　　　　　　　　　　　　　　　　b)

图 5-5　不同切片层厚的"阶梯纹"

5.1.3　模型摆放姿态

为改善"阶梯纹"对实物模型外观效果的影响，除了选取较小的层厚数值外，还可以调整模型在三维打印空间中的摆放姿态。从图 5-6 可以看出，将模型的摆放姿态从水平调整为垂直后，同一轮廓的层与层之间的"阶梯纹"有了较大改善。也就是说，"阶梯纹"与切片和轮廓切线间夹角的大小有关，夹角越小，则阶梯尺寸越大，对实物模型的外观影响也越明显。

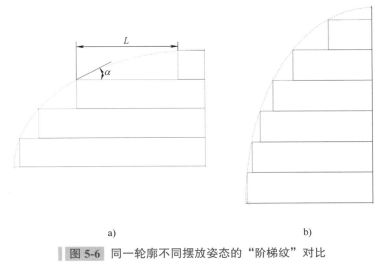

a)   b)

图 5-6 同一轮廓不同摆放姿态的"阶梯纹"对比

悬垂结构

5.1.4 悬垂结构处理

在某些增材制造工艺中，支撑结构是必不可少的辅助结构。随着模型高度的增加，片层截面轮廓的面积和形状都会发生变化。当上层轮廓不能给当前层提供充分的定位和支撑作用时，就需要为模型添加额外的支撑结构，以保障打印过程顺利进行。支撑结构一方面保证了模型的成型过程能顺利实现；另一方面也增加了材料成本，增加了更多的后处理工作，并且带来损坏模型表面的风险。因此，正确地添加支撑结构是 3D 打印前期工作的重要内容。

对 3D 打印模型添加支撑结构主要是为了防止在打印过程中材料下坠，影响模型打印的成功率。在3D 打印领域有一项不成文的认识——45° 临界角度原则（图 5-7），即通过悬垂面与垂直方向的夹角是否大于 45° 来判断是否需要为模型添加支撑，如果悬垂面与垂直方向的夹角小于 45°，那么可以不使用支撑结构，悬垂面通过前后片层的微量挪移来构建；反之，如果悬垂面与垂直方向成 45° 以上夹角，则需要为其添加支撑结构。在某些 3D 打印切片软件中，临界角度可以根据操作者的经验自行设定。

图 5-7 3D 打印悬垂结构 45° 临界角度原则

当然，不是所有的增材制造工艺都需要为悬垂结构添加支撑，如 SLS、LOM、3DP 等工艺中，未成型粉末或片状材料可对悬垂结构起到支撑作用；FDM、SLA、DLP 等工艺则需要为悬垂结构添加额外支撑，如图 5-8 和图 5-9 所示。

5.2 | 3D 打印模型制作案例及工艺选择

虽然 3D 打印的建造过程几乎不受模型结构、形态的影响，可以建造大多数情况下的模型，但各增材制造工艺有着各自的工艺优缺点和适用领域，因此在选择模型增材制造工艺设备时需要综合考虑各个因素，包括模型用途、尺寸精度、表面质量、打印时间、打印成本、后处理工序等。

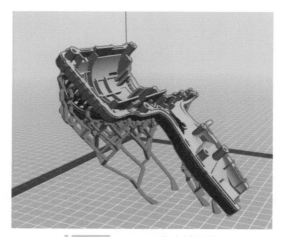

图 5-8 FDM 工艺支撑结构

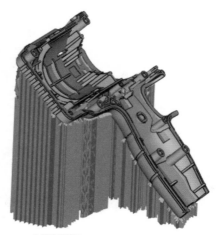

图 5-9 SLA 工艺支撑结构

如以鹿为主题的创意手机支架作品（图 5-10），由鹿和手机支架两部分组合而成。

图 5-10 创意手机支架

鹿采用镂空设计，鹿身、鹿角在竖直方向存在着大量悬垂结构，需要为其添加支撑结构才能确保打印成功。而对封闭的鹿身，支撑结构难以去除，因此不适合使用带支撑结构的增材制造工艺，如 FDM、SLA、DLP 等，而适合 SLS、3DP 等采用粉末类材料成型的增材制造工艺。考虑模型的后处理和后期的装配要求，采用 SLS 工艺更为合适。

手机支架采用薄壁结构设计，整体形态大部分悬垂角度小于 45° 临界角度，因此对各类增材制造工艺都具有较好的适应性。综合考虑打印速度、打印精度、模型性能和打印成本，采用 FDM 工艺较为合适。

综合上述分析，对鹿主题创意手机支架的 3D 打印制作分解为以下两个工作过程：

1）采用 FDM 工艺制作手机支架模型。

2）采用 SLS 工艺制作鹿模型。

在本章后续 3D 打印实践环节中，将分别使用华曙高科 SS403P SLS 3D 打印机和闪铸 GuiderⅡ FDM 3D 打印机进行模型打印操作。

5.3 FDM 工艺 3D 打印机操作实践

手机支架 3D 打印模型如图 5-11 所示。

**FDM 工艺
设备操作**

图 5-11 手机支架 3D 打印模型

5.3.1 认识设备

闪铸 Guider Ⅱ 是一台单喷头 FDM 工艺桌面型 3D 打印机（图 5-12），其软件与硬件配置、各项性能指标在当前 3D 打印机市场上具有一定的代表性。其打印尺寸为 280mm × 250mm × 300mm，可实现大体积模型的打印制作；喷头最高支持 300℃加热，可打印 PLA（以及 PLA 为基底的其他材料）、ABS、HIPS（高抗冲聚苯乙烯）、PC、PETG（聚对苯二甲酸乙二醇酯）、PA（聚酰胺）材料，打印平台具有加热功能，最高支持加热至 120℃，并配有辅助调平功能；支持 USB 连接、U 盘读取、以太网、WiFi 以及闪云（FlashCloud）、极境云（Polar Cloud）平台云打印，其他主要性能参数如下。

1）屏幕：5in[⊖]彩色 IPS 触摸屏。

2）打印尺寸：280mm × 250mm × 300mm。

3）层厚：0.05~0.4mm。

4）打印精度：± 0.2mm。

5）耗材直径：1.75mm。

6）打印速度：10~200mm/s。

7）支持格式：S3MF/STL/OBJ/FPP/BMP/
PNP/JGP/JPEG。

图 5-12 闪铸 Guider Ⅱ（来源：闪铸产品说明书）

8）数据传输：USB、U 盘、WiFi、以太网、
Polar3D 云、闪云。

⊖ 英寸。1in = 25.4mm。

5.3.2 打印前准备工作

1. 准备切片软件

预先在计算机上安装闪铸 Guider Ⅱ 的切片软件 FlashPrint。在计算机桌面上找到 图标，双击运行软件，图 5-13 所示为 FlashPrint 软件界面。

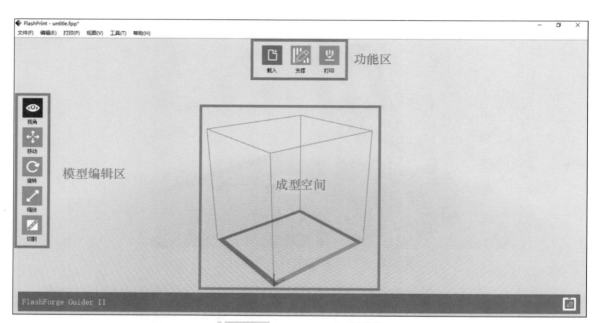

图 5-13 FlashPrint 软件界面

启动 FlashPrint 后，先选择相应的机型：在菜单栏依次单击"打印"→"机器类型"，选择"FlashForge Guider Ⅱ"，完成切片软件成型空间和 3D 打印机的匹配，如图 5-14 所示。

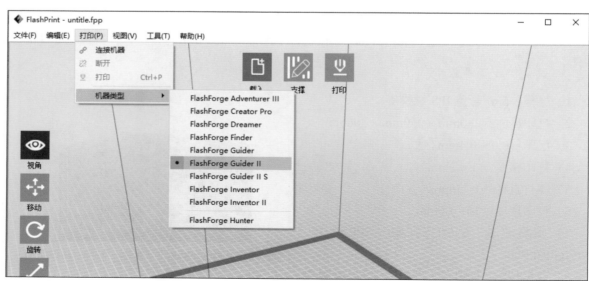

图 5-14 选择机器类型

在 FlashPrint 切片软件环境下，可以对模型进行视角、移动、旋转、缩放、切割等常规操作，如图 5-15 所示。

视角　　　　移动　　　　旋转　　　　缩放　　　　切割

a) 功能按钮

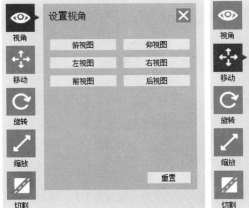

b) 视角功能

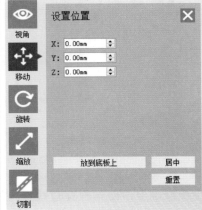

c) 移动功能

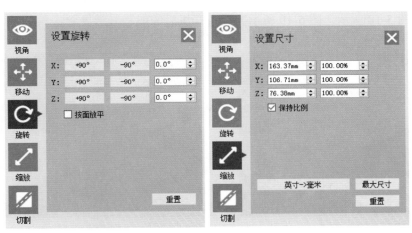

d) 旋转功能　　　　　　　　　　　　　e) 缩放功能

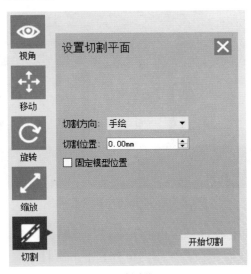

f) 切割功能

图 5-15　模型编辑命令

2. 设备准备

1）安装丝料。设备背板设有两个线盘轴定位孔，任选其一将线盘轴装入，如图 5-16 所示。

a) 安装前　　　　　　　　　　　　　　b) 安装后

图 5-16　安装线盘轴

将线盘固定在线盘轴上，使丝料穿过线盘检测开关组件，如图 5-17 所示。安装线盘时，注意确保按逆时针方向出丝，避免打印过程中断丝、缠绕。

2）连接电源、开机。将电源线插入设备背板下方的插口，另一端连接 220V 电源插座，并将电源开关打开，如图 5-18 所示。图 5-19 所示为设备开机后的屏幕显示界面。

图 5-17　安装线盘　　　　　　　　　　　　图 5-18　连接电源、开机

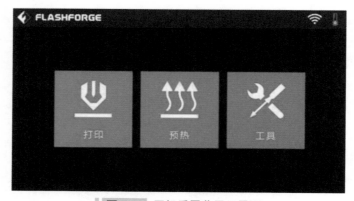

图 5-19　开机后屏幕显示界面

3）进丝、退丝操作。设备电源打开后，接下来进行丝料的退丝、进丝操作。若打印喷头是空载状态，则直接进行丝料的进丝操作；若喷头内留存有上一次打印剩余的丝料，或者剩余的丝料不够本次打印，则需要用新的丝料替换掉剩余丝料，这种情况应先退丝，然后再进行进丝操作。

退丝：在触摸屏上依次单击"工具"→"换丝"→"退丝"按钮，设备将开始对喷头进行加热，如图 5-20 所示。

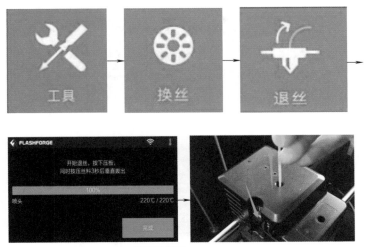

图 5-20 退丝操作

当喷头温度达到 220℃后，按照屏幕提示进行操作。先向下按住左侧的进丝压片，再将丝料向下按压约 3s，然后快速将丝料向上拔出。退丝时需注意不要用蛮力将丝料拔出，否则容易造成喷头堵塞。

进丝：为了使打印过程中丝料供给更加稳定，在进丝前需要安装导丝管，将丝料从导丝管穿出，然后插入打印喷头，如图 5-21 和图 5-22 所示。

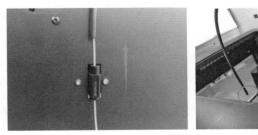

图 5-21 安装导丝管

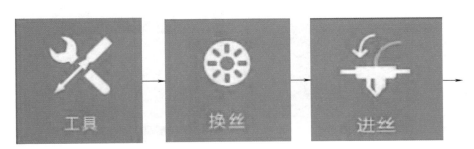

图 5-22 进丝操作

当喷头温度达到220℃后，按照屏幕提示进行操作。将丝料垂直插入喷头进丝孔，当感受到丝料向内的拉力时，松开丝料，喷头稳定出丝，丝料沿直线挤出后，单击"完成"按钮，完成进丝操作。

4）工作平台调平。对大多数桌面型FDM工艺3D打印机，在经过较长时间的使用后，需要对工作平台进行重新校验调平，以保持稳定的打印性能。通过调节工作平台底部的调平螺母对工作平台进行调平操作，一般有手动和半自动两种操作方式。闪铸 Guider Ⅱ 应用了三点智能调平系统，配合手动调节调平螺母实现工作平台的调平，如图5-23所示。

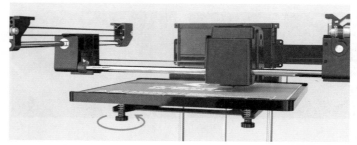

图 5-23 闪铸 Guider Ⅱ 三点智能调平系统

依次单击显示屏上的"工具"→"调平"图标按钮（图5-24），待喷头和工作平台完成初始化运动后，按照屏幕提示操作，具体操作步骤如图5-25~图5-28所示。

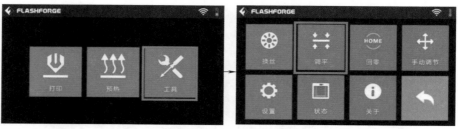

图 5-24 工作平台调平

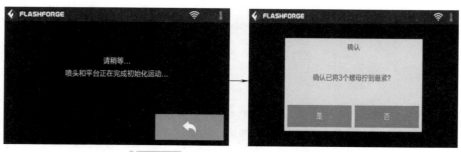

图 5-25 初始化，拧紧 3 个调平螺母

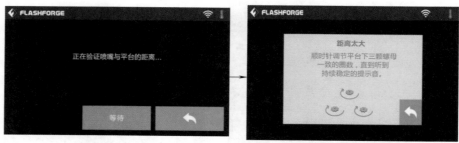

图 5-26 验证距离，顺时针方向调节 3 个螺母一致的圈数

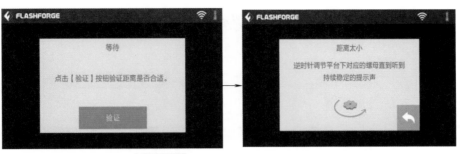

图 5-27 验证距离，调整第一个点

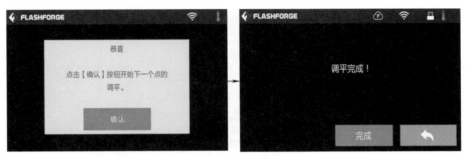

图 5-28 第一点完成后，顺序调整第二、三点，完成调平操作

工作平台调平操作完成后，打印前的设备准备工作就完成了。

3. 准备三维数字模型

1）模型的准备。3D 打印的数字模型有 3 个获得途径：主动建模、逆向建模和互联网下载。在本案例中，手机支架采用主动建模的方式，在 Creo 工程软件环境下完成建模，然后导出 STL 格式文件。

2）模型修复。各类三维软件在转换 STL 格式时常常会存在丢失信息的问题，如三角面片丢失、面片法向反转等，需要在切片前先行修复。模型修复可以通过第三方软件如 Magics 完成，有的切片软件本身也带有修复模型的功能，如本案例中的 FlashPrint 切片软件。

5.3.3 打印建造模型

1. 为模型添加支撑

运行 FlashPrint 切片软件，导入"手机支架"STL 文件（图 5-29），调整模型摆放位置和姿态（图 5-30）。

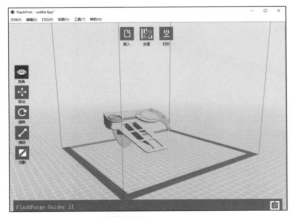

图 5-29 导入模型

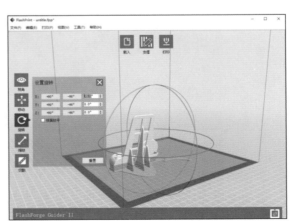

图 5-30 调整模型摆放位置和姿态

依次单击"支撑"→"支撑选项"→"自动支撑",为模型添加支撑,如图 5-31 和图 5-32 所示。

图 5-31 支撑选项

在"支撑选项"菜单中有"树状""线形"两种支撑类型,在本案例中,选择"树状"支撑,"陡峭阈值角度(悬垂临界角度)"等参数保持默认数值。

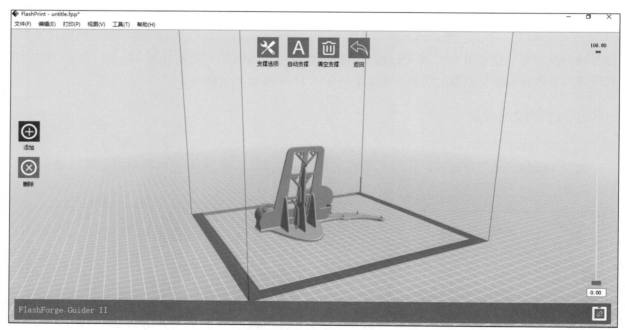

图 5-32 添加自动支撑

2. 模型切片

添加支撑完成后,返回主界面,单击"打印"按钮进入"打印"对话框,设置切片和工作参数,如图 5-33 所示。

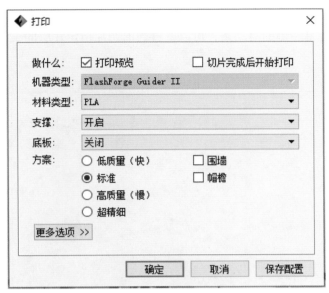

图 5-33　设置切片和工作参数

在"打印"对话框中，通过"材料类型"下拉菜单选取使用的材料，不同材料类型对应不同的默认工作参数，本案例使用的材料是 PLA。对于 PLA 材料类型，"方案"选项中列出了 4 个打印方案选项："低质量（快）""标准""高质量（慢）""超精细"，区别在于打印速度和模型质量。"超精细"层厚为 0.08mm，打印质量最好，最耗时；"低质量（快）"层厚为 0.30mm，打印质量最差，但用时最短。"标准"层厚为 0.18mm，兼顾了模型质量和打印时间。

在"更多选项"菜单中，列出了"层高""外壳""填充""速度""温度"和"其他"等项目的高级工作参数。本案例中，"层高""外壳""填充""速度"和"其他"使用默认参数，将"温度"项目中的"平台"温度设置为 80℃，如图 5-34 所示，以降低模型底板发生翘曲变形的风险。

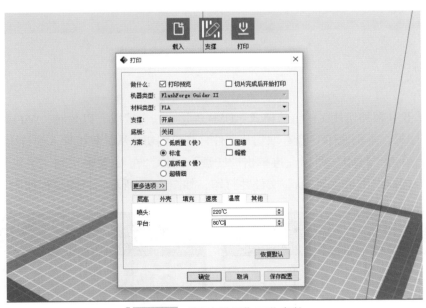

图 5-34　"更多选项"工作参数

3. 切片预览

切片完成后，保存"手机支架 .gx"切片文件。同时，切片软件给出了本次打印的"打印材料估算"和"打印时间估算"："打印时间估算"为"5 小时 7 分钟"，"打印材料估算"为"16.89 米"，如图 5-35a 所示；通过屏幕左侧的滑动条，可以查看当前切片指定片层的二维截面轮廓，如图 5-35b 所示。

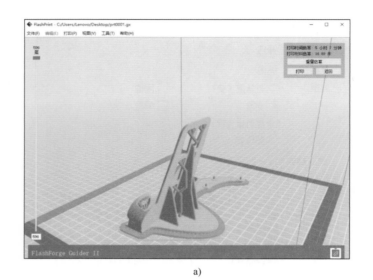

a)

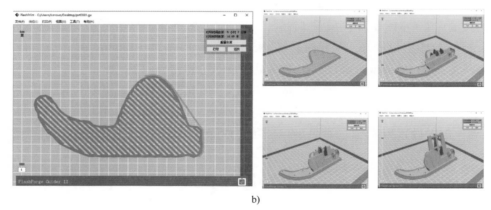

b)

图 5-35 切片预览结果

4. 模型读取

闪铸 Guider Ⅱ有多种切片文件上传模式：USB 连接、U 盘读取、以太网、WiFi 以及 FlashCloud、Polar Cloud 云打印等，本例使用 U 盘存取切片文件，将模型切片从计算机导入到打印设备上。

在显示屏上单击"打印"图标，再单击"U 盘"图标，在 U 盘中找到"手机支架 .gx"文件，如图 5-36 所示，读取"手机支架 .gx"文件并打印，如图 5-37 所示，打印过程如图 5-38 所示。

a)   b)

图 5-36 导入"手机支架 .gx"文件

图 5-37 读取"手机支架 .gx"文件并打印

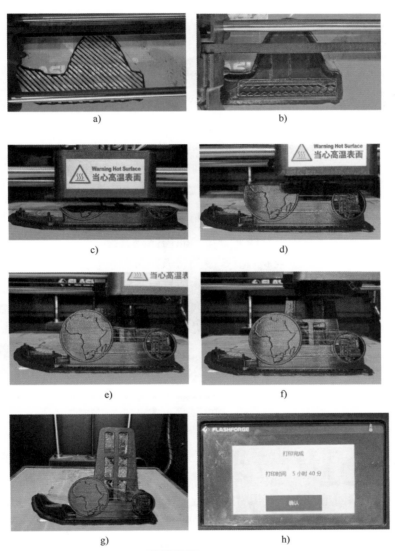

图 5-38 打印过程

5.3.4 取模、后处理

模型建造完成后，用专用铲刀（图 5-39）从模型底板边缘处将模型撬起、铲下（图 5-40），然后用尖嘴钳、刻刀等工具将多余的支撑结构去除，如图 5-41 所示。需要的话，再用砂纸对模型表面进行修正、打磨，完成模型的后处理工作，最后得到打印成品模型，如图 5-42 所示。

图 5-39 铲刀

图 5-40 取模

a) 支撑去除前模型

b) 尖嘴钳及刻刀

c) 去除的支撑

图 5-41 模型后处理

图 5-42 成品模型

5.4 SLS 工艺 3D 打印设备操作实践

由 5.2 节分析可知，鹿模型整体呈镂空状，鹿身、鹿角的悬垂部分需要添加支撑结构，而鹿身是封闭空间，在其内部的支撑难以去除，所以应优先选择粉床类增材制造工艺，从模型强度、装配性能角度考虑，SLS 工艺是较为合理的选择。图 5-43 所示为 SLS 3D 打印鹿模型。

5.4.1 SLS 工艺的一般工作过程

图 5-43 SLS 3D 打印鹿模型

不同品牌 SLS 3D 打印设备由于设备系统组成、机械构造、操作软件等方面存在着差异，因此执行打印任务时的操作步骤、操作过程也有所不同。但其一般工作流程大致可以划分为打印前准备、打印建造、打印完成后操作三个主要工作阶段。

1. 打印前准备

1）数据准备。在数据准备环节，将模型 STL 文件导入排包软件，根据模型的尺寸、形状、性能以及生产批量要求，对模型的摆放位置、姿态进行调整。在这一环节通常还可以对建造包进行模型碰撞干涉检测，并可对建造包做切片预览，预估建造时间和所需材料的数量。

2）材料准备。SLS 3D 打印设备所使用的材料一般为材料新粉和回收粉的混合粉。经过烧结回收后的粉末熔点高于新粉，烧结过程中低熔点粉末熔化浸润高熔点粉末，有利于层内烧结和层间熔接，以获得更好的模型质量。不同品牌的 SLS 设备和材料，所使用的新粉与回收粉的配比也有所不同，通常按二者质量比为 1∶1 进行配粉。

3）设备准备。每次新的打印任务开始之前都需要对设备关键部位进行清洁，以保证建造过程平稳和准确。不同品牌的设备在清洁对象和要求上不尽相同，清洁对象通常包含激光器保护平光镜、红外测温探头、铺粉滚筒或刮刀、粉床平台。SLS 设备建造过程中会有粉末扬起或粉末汽化挥发，聚集在激光器保护平光镜和红外测温探头上，若不进行擦拭，将影响激光透射和测温的准确性；铺粉滚筒或刮刀若沾有粉末，将影响铺粉的平整度，因此每次工作前都要对其进行擦拭。

2. 打印建造

SLS 3D 打印设备的打印过程通常包括预热、建造和冷却三个阶段。

1）预热阶段。预热是 SLS 3D 打印的重要工艺过程，时长通常为 1~2h。预热温度是 SLS 工艺重要的工艺参数之一，预热温度对模型烧结深度、密度以及模型的翘曲变形程度起着关键作用。预热温度过低，烧结截面冷却过快，会在模型内部产生较大的热应力，导致翘曲、变形，同时熔化颗粒之间来不及充分浸润、流动，会造成模型内部疏松多孔，导致烧结深度和密度大幅度下降，模型表面质量、力学性能将受到很大的影响；预热温度过高，则会导致冷却时间过长，部分低熔点粉末过度烧结以至炭化，也将影响成型件的质量。

2）建造阶段。在建造阶段，设备根据模型建造包切片的情况，在设定的建造工艺参数下，自动完成模型的逐层粉末烧结堆叠过程。

3）冷却阶段。建造完成后，SLS 3D 打印设备将执行冷却操作，时长通常为 6~10h。在这个阶段，建造腔温度缓慢降至室温。冷却阶段结束后，方可打开设备将建造包取出。缓慢冷却一方面可以防止快速降温导致的模型变形，另一方面也是对操作人员必要的安全保护。

3. 打印完成后操作

1）取包。待设备冷却至室温后，使用取包工具将建造包从设备内取出。

2）清粉及粉粒回收。将建造包放置于清粉台上，待其内部温度降到 40℃以下时，将模型从建造包中取出，用刷子和清粉工具对模型上粘连的粉末进行清理；模型全部取出后，开动清粉台上的振动筛对粉末进行回收。

3）喷砂。将初步清理后的模型放入喷砂机中，利用高压空气和磨料对黏附在模型上的粉末做进一步的清理。至此，完成了 SLS 3D 打印的全部工作。

SLS 工艺
设备操作

5.4.2　SLS 3D 打印设备系统

相对于 FDM 3D 打印设备简单、易操作、易维护的特点，SLS 3D 打印设备的系统构成要复杂得多。以华曙高科 SS403P 为例，其硬件设备系统包括设备主机（图 5-44）、制氮机、空气压缩机、水冷机、清粉台、喷砂机、混料机、吸尘器、防护口罩和橡胶手套等，见表 5-1；操作软件包括排包软件 BuildStar 2.2.8（图 5-45）和设备控制软件 MakeStar（图 5-46）。

图 5-44 华曙高科 SS403P 主机

表 5-1 华曙高科 SS403P 硬件设备系统组成

序号	设备名称	设备图片	用途
1	制氮机		华曙高科 SS403P 使用的保护气体为氮气，采用外置制氮机进行氮气制备
2	空气压缩机		制备高压空气，为制氮机、清粉台、喷砂机提供高压气源
3	水冷机		在模型建造过程中对激光器进行冷却

（续）

序号	设备名称	设备图片	用途
4	清粉台		模型建造完成后，在其上拆包、取包，并回收材料粉末
5	喷砂机		清除模型上黏附的材料粉末
6	混料机		进行打印材料配粉混合
7	吸尘器		用于主机成型缸、供粉缸、建造腔平台、清粉台等的清粉
8	防护口罩和橡胶手套		用于设备使用过程中操作人员的安全防护

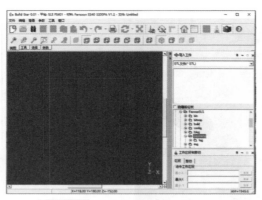

图 5-45 排包软件 BuildStar 2.2.8　　　　图 5-46 设备控制软件 MakeStar

华曙高科 SS403P 的主要技术参数如下。

1）打印空间：400mm × 400mm × 450mm。

2）铺粉层厚：0.06~0.3mm，可调。

3）振镜系统：高精度三轴扫描振镜。

4）激光系统：CO_2 激光器，功率为 100W。

5）扫描速度：最高达 15.2m/s。

6）热场控制：八区域独立控制。

7）控制软件：具有开源参数调节、实时修改建造参数、三维可视化和诊断功能。

华曙高科 SS403P 3D 打印机能满足汽车、航空航天等行业对于大尺寸、轻量化、耐高温零部件的需求，可广泛应用在汽车空调联动机构、空调总成、控制面板、插接件、仪表盘等共享率较高的零部件的制造上。

5.4.3　华曙高科 SS403P 3D 打印机操作过程

华曙高科 SS403P 3D 打印机的工作流程主要包括起动设备、建造包排包、材料配备、开机准备、打印建造、取包清粉六个环节。

1. 起动设备

1）打开主控电源。打开设备后背板，将主控电源旋钮旋转至"On"位置，设备主机通电开启，同时主控计算机和水冷机开始起动工作，如图 5-47 所示。

a) 打开主控电源　　　　　b) 主控计算机启动　　　　　c) 水冷机起动工作

图 5-47 起动设备

2）起动空气压缩机和制氮机。粉末烧结类 3D 打印设备工作时通常需要惰性气体保护，以防止原料粉末被高温加热时烧焦、燃烧，SLS 工艺一般使用氮气进行保护。制氮设备有内置和外置两种结构形式，德国 EOS、国产盈普使用的是内置制氮机；华曙高科系列设备使用的是外置制氮机。

SS403P 制氮时，按照"空气压缩机"→"空气干燥机"→"制氮机"→"氮气干燥机"顺序开启电源开关，如图 5-48 所示。

a) 空气压缩机　　　　　b) 空气干燥机　　　　　c) 制氮机　　　　　d) 氮气干燥机

图 5-48　起动空气压缩机、制氮机

2. 建造包排包

1）在计算机桌面上双击 图标，运行 BuildStar 软件。将"鹿"STL 文件导入 SS403P 成型空间，根据模型的尺寸、形态特点对模型的摆放位置、姿态进行调整，如图 5-49 所示。

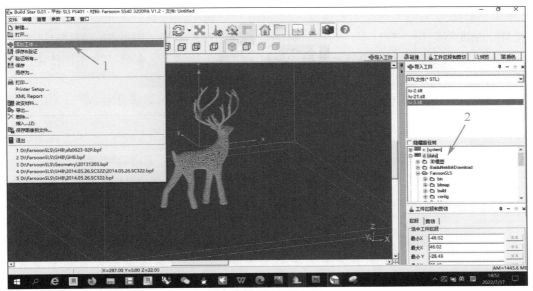

图 5-49　导入"鹿"模型

BuildStar 软件导入模型有三个途径，①通过"文件"→"添加工件"导入；②通过"路径树"导入；③直接将模型拖入窗口导入。

为了降低加工成本，提高材料利用率，SLS 工艺通常需要对建造包的高度进行控制：建造包高度越小，用粉量越少，成本越低；同时，可在建造包高度一定的情况下，采用批量建造的方式，即在用粉量一定的情况下，在打印空间上尽可能多地排布模型，以平摊模型制作成本，提高材料的利用率。本案例在"鹿"模型的排包过程中，将其翻转侧卧，使建造包高度由站立时的 144.71mm 变为 64.60mm，从而可大幅度降低原料粉末的使用量，如图 5-50 所示。

a) 站立高度　　　　　　　　　　　　　　　b) 侧卧高度

图 5-50　建造包高度变化

调整"鹿"模型的摆放位置和姿态，并复制填充成型空间后，建造包排包结果如5-51所示。

图 5-51　建造包排包结果

2）根据材料的类型调节成型工艺参数。SS403P 可以使用的材料有尼龙、尼龙混碳纤维、尼龙混玻璃微珠、尼龙混铝粉、TPU 等，每种材料的烧结性能存在差异，因此相应的烧结工艺参数也各不相同。在进行模型排包操作时须选择相应的材料，以确定烧结工艺参数。本案例使用的材料为纯尼龙粉末，材料代号为 FS3200PA。图 5-52 所示为建造参数设置界面。

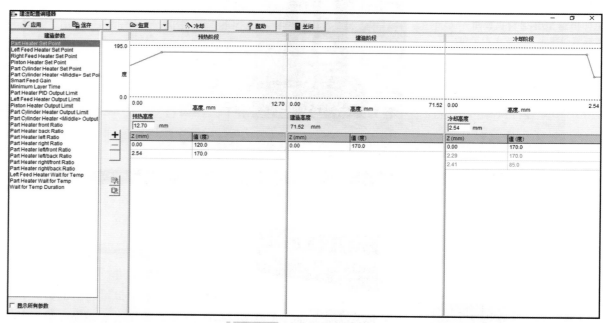

图 5-52　建造参数设置界面

除按材料设置烧结工艺参数外，BuildStar 软件还提供了主要工艺参数的编辑功能，如激光填充扫描功率、激光轮廓扫描功率、激光扫描线间距、建造腔温度、层厚、各区加热管加热系数等。因此，SS403P 除了可用于模型打印制作外，还可用于 3D 打印新材料的研发。

3）参数设置完成后，对建造包进行碰撞干涉检测（图 5-53）及保存验证（图 5-54），确保模型没有搭接重叠情况。进一步做切片预览（图 5-55），模拟烧结过程，并计算烧结时间、烧结高度和粉末需求量（图 5-56）。

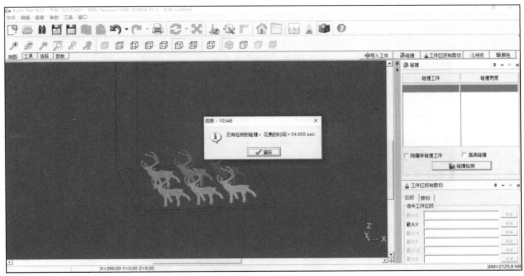

图 5-53　碰撞干涉检测

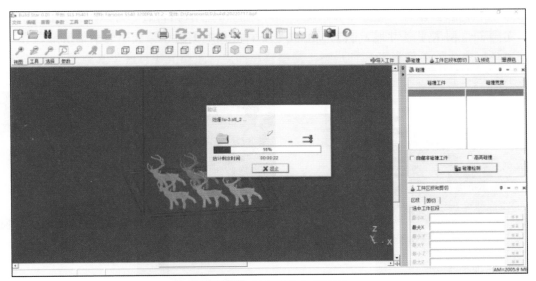

图 5-54　保存建造包并验证

图 5-55　切片预览

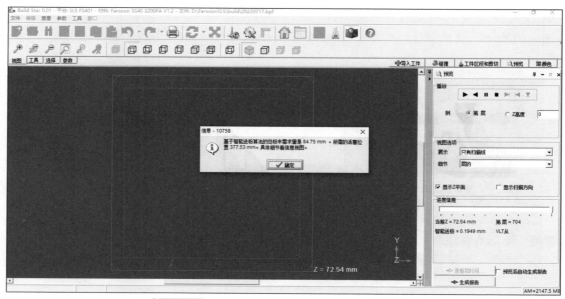

图 5-56 计算烧结时间、烧结高度和粉末需求量

完成建造工艺参数设置、碰撞干涉检测、切片预览和使用材料预估等操作后，将建造包导出为"*.bpz"文件（*.bpz 格式为华曙高科 BuildStar 2.2.8 版建造包格式），如图 5-57 所示。

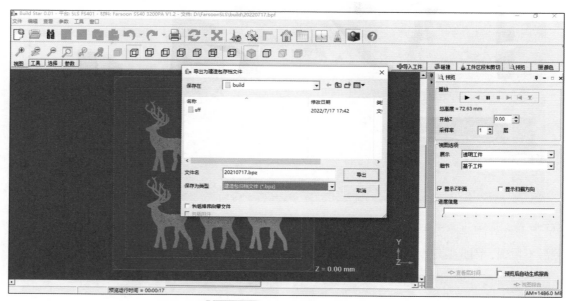

图 5-57 导出"*.bpz"文件

3. 材料配备

SS403P 在烧结过程中涉及的粉末有 4 种类型。

1）新粉：全新的粉末。

2）回收粉：建造完成后，回收成型缸中未烧结粉末后的粉末。

3）溢粉：铺粉过程中，被铺粉滚筒带至溢粉缸的粉末。

4）混合粉：新粉、回收粉、溢粉按比例混合后用于打印的粉末。

对于 FS3200PA，混合粉的比例为：新粉：回收粉：溢粉 =2：2：1。根据切片预览给出的总粉末需求量为 84.75mm，换算成材料质量约为 10kg（换算方法仅限 SS403P 机型粗略估算）。按照

FS3200PA 的混合比例进行配粉，称量出新粉、回收粉各 4kg，溢粉 2kg，并在混料机内充分混合 30min，如图 5-58 所示。

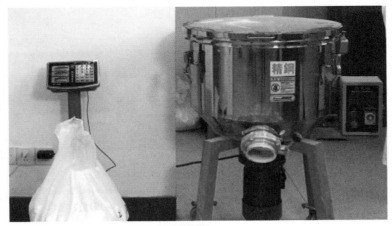

图 5-58 配粉

4. 开机准备

SS403P 打印前的设备准备工作如下：

1）清洁激光器保护平光镜。拆下激光器保护平光镜，先用气流吹掉平光镜上的粉尘，再用无水酒精沾湿无尘纸或无尘布对平光镜正、反面进行擦拭。擦拭时，注意避免用力来回涂擦，要控制无尘布或无尘纸划过表面的速度，使擦拭留下的液体立即蒸发，不留条纹，如图 5-59 所示。

a) 取下平光镜   b) 平光镜   c) 清洁平光镜

图 5-59 清洁激光器保护平光镜

2）清洁红外测温探头。红外测温探头采用非接触式测温，如使用过程中镜头结晶或沾上粉尘，会造成测温不精确，因此要定期对红外测温探头进行清洁。清洁时，用无水酒精喷湿脱脂棉签轻轻转动擦拭建造腔内供粉缸、成型缸顶部的红外测温探头，注意不要用力过大，以防刮花探头，如图 5-60 所示。

 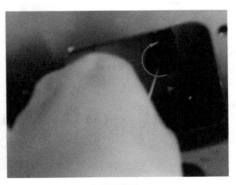

a) 喷湿脱脂棉签   b) 擦拭探头

图 5-60 清洁红外测温探头

3）检查并清理溢粉缸。打开设备侧板，拉出溢粉缸，查看缸内粉末存量。若粉末存量过多，则需清空溢粉缸，为建造过程中产生的溢粉留出足够的存储空间，如图 5-61 所示。

a) 检查溢粉缸　　　　　　　　　　　　b) 清理溢粉缸

图 5-61　检查并清理溢粉缸

4）检查并清洁观察窗。查看观察窗玻璃的洁净情况，如有粉尘附着，需使用无纺布进行擦拭，以防粉尘烧结、堆积在玻璃上难以清除，妨碍观察效果，如图 5-62 所示。

图 5-62　检查并清洁观察窗

5）检查并清理工作平台和铺粉滚筒。每次烧结完成后，需用专用防爆吸尘器将工作平台清理干净，并用无纺布擦拭铺粉滚筒表面。每次开始新的建造任务前，都需手动转动铺粉滚筒，检查其是否转动灵活，如图 5-63 所示。

a) 检查、清理工作平台　　　　　　　　　　b) 检查铺粉滚筒

图 5-63　检查并清理工作平台和铺粉滚筒

5. 打印建造

双击设备主控计算机桌面上的 图标，运行设备控制软件（图 5-64）。

图 5-64 MakeStar 设备控制软件

1）将混合好的材料倒入供粉缸，用工具将粉末捣实、刮平，如图 5-65 所示。

a) 捣实

b) 刮平

图 5-65 装粉

2）打开"机器"→"手动"界面，按照"缸体提升"（图 5-66）→"铺粉"（图 5-67）→"充氮"（图 5-68）的操作顺序，完成建造前的设备准备工作。

3）打开"机器"—"建造"界面，导入建造包，如图 5-69 所示。

4）建造包导入后，单击"开始"按钮，开始建造过程（图 5-70）。建造过程分为"预热""建造""冷却"三个工作阶段。屏幕左侧区域将实时显示建造过程中的各项信息，如图 5-71 所示。

a) 单击"手动"按钮

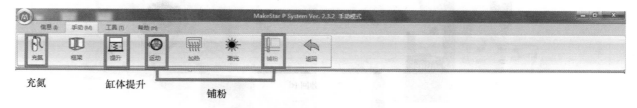

充氮　　　缸体提升　　　铺粉

b) 手动模式界面

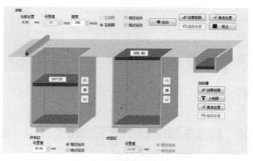

c) 设置缸体提升位置

d) 缸体提升

图 5-66　缸体提升操作过程

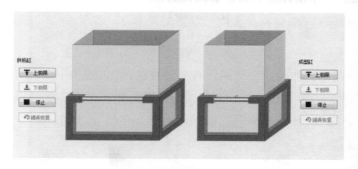

a) 手动铺粉控制面板

b) 自动铺粉控制面板

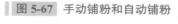

c) 铺粉

图 5-67　手动铺粉和自动铺粉

a) 设置参数

b) 充氮

图 5-68　充氮的操作过程

a)进入"建造"界面

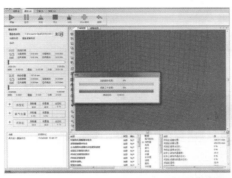

b)导入建造包

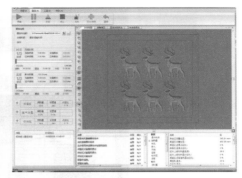

c)建造包导入完成

图 5-69 导入建造包

图 5-70 建造开始

图 5-71 建造监测信息

6. 取包清粉

1）取包。待打印设备建造腔温度冷却至80℃以下，使用取包专用工具将建造包从设备内取出，如图5-72所示。

a)拉出成型缸

b)安装取包工具

c)提升建造包

图 5-72 取包

2）清粉及粉末回收。将建造包放置在清粉台上，待其内部温度降到40℃以下，将模型从建造包中取出，用刷子和清粉工具对模型上的粉末进行清理；模型全部取出后，开动清粉台上的振动筛对粉末进行回收，如图 5-73 所示。

a) 清粉　　　　　　　　　　b) 回收粉末　　　　　　　　　c) 取出的模型

图 5-73　清粉、取模型

　　3）喷砂。将初步清理后的模型放入喷砂机中，利用高压空气和磨料对附着在模型上的粉末做进一步的清理，如图 5-74 所示，得到最终的 3D 打印模型成品（图 5-75）。

a) 将模型放入喷砂机　　　　　　　　　　　　　b) 清理模型上的粉末

图 5-74　喷砂

图 5-75　模型成品

　　将经过后处理的手机支架和鹿模型通过鹿脚上的 4 个连接孔装配成一体，完成创意手机支架的实物模型制作，图 5-76 和图 5-77 所示分别为 3D 打印数字模型和实物模型。

图 5-76 3D 打印数字模型

图 5-77 实物模型

* 拓展 9：工业级 SLS 3D 打印设备实操小知识

1）环境要求：相对于桌面型 3D 打印机对工作环境的良好适应性，工业级 SLS 3D 打印工艺对工作环境的温度、湿度要求更为严格，通常工作环境温度需保持在 22~28℃，相对湿度最高不超过 60%（视室温有所不同）。

2）着装防护要求：SLS 3D 打印工艺使用的是超细粉末材料，在混粉、装粉、清粉时，工作区域弥漫有粉尘，吸入人体会危害健康，操作时需时时佩戴防尘口罩。另外，SLS 使用的原料除纯尼龙粉末外，还包括尼龙混碳纤维、尼龙混玻璃微珠、尼龙混铝粉等，超细粉末会透过皮肤毛孔进入体内，因此操作时还需时时佩戴丁腈橡胶手套，做好劳动防护措施。

3）SLS 3D 打印成本控制策略：在核算 SLS 模型成本时，除设备折旧、水电、人工成本外，最大成本是新粉的用量。由于新粉用量由建造包的高度所决定，因此在保证模型质量的前提下，应尽量压缩建造包的高度；同时再采用批量建造的方法，尽可能填满建造包空间，以平摊单个模型的材料成本。

5.5 PolyJet 工艺 3D 打印设备操作实践

Stratasys J750 是材料喷射成型工艺 3D 打印设备（图 5-78），使用液态光敏树脂作为原材料，经紫外线照射后固化成型。与 SLA、DLP 等光固化 3D 打印设备不同的是，Stratasys J750 使用盒装材料，材料供给系统类似于 2D 喷墨打印机。工作时，原材料从材料盒被供液系统抽取到打印模块，经喷嘴列阵微孔喷出，完成模型的建造过程。Stratasys J750 可使用 14 种基础材料，同时装载其中 6 种，不仅减少了材料的更换次数，还可打印混合刚性、柔性、透明或不透明材料，以及复合材料的模型，或在同一托盘上打印不同材质或颜色的部件。Stratasys J750 可以制作逼真的彩色多材料部件与产品原型，从中性色到霓虹色，从阴影到高光、纹理到渐变，系统能轻松实现超过 36 万种颜色，实现良好的逼真度，在产品原型制作、医疗模型、手术导板、数字媒体、影视道具等方面有着广泛应用。图 5-79 所示为其部分展示模型。

图 5-78 Stratasys J750 3D 打印设备

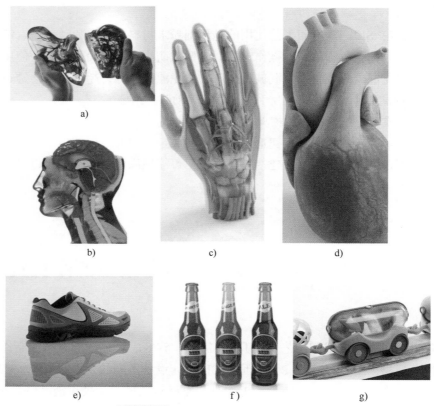

图 5-79 Stratasys J750 3D 打印模型

5.5.1 Stratasys J750 3D 打印设备系统

Stratasys J750 3D 打印设备系统包括主机、材料柜、打印机控制计算机等硬件部分，打印机控制软件 GrabCAD PolyJet Server 和打印管理软件 GrabCAD Print，如图 5-80 所示，设备的性能技术参数见表 5-2。

a) 主机　　　　　　　　　　b) 材料柜　　　　　　　c) 打印机控制计算机

d) 打印机控制软件GrabCAD PolyJet Server　　　　　e) 打印管理软件GrabCAD Print

图 5-80　Stratasys J750 3D 打印设备的组成

表 5-2　Stratasys J750 3D 打印设备性能技术参数（来源：Stratasys 官网，有删减）

项目	参数
支撑材料	无毒凝胶类光敏树脂
托盘尺寸	500mm × 400mm × 200mm
实际构建尺寸	490mm × 390mm × 200mm
层厚度	打印层最薄为 14μm
构建分辨率	X 轴方向：600dpi；Y 轴方向：600dpi；Z 轴方向：1800dpi
打印模式	高速：多达 3 种基本树脂，27μm 分辨率 高品质：多达 6 种基本树脂，14μm 分辨率 混合模式：多达 6 种基本树脂，27μm 分辨率
精度	50mm 以下的模型为 20~85μm；全尺寸模型为 200μm（仅适用于刚性材料）
网络连通性	LAN-TCP/IP
电源要求	AC 100~120V，50~60Hz，13.5A，单相 AC 220~240V，50~60Hz，7A，单相
操作环境	温度 18~25℃；相对湿度 30%~70%

5.5.2　彩色贴图 3D 打印模型的建模方法

如果对实物模型在色彩、贴图、肌理、混合质感等方面没有特殊要求，那么 Stratasys J750 和其他 3D 打印设备一样，也可以制作单一颜色的"白模"，当然材质上可以进行软质 / 硬质、高光 / 哑光、透明度等属性的设置。Stratasys J750 的突出性能还是在全彩、带纹理贴图以及多材质组合模型的制作方面。根据 3D 打印实物模型外观效果要求，可使用附带贴图、色彩信息的 OBJ、VRML 等数据模型文件格式，而对于多材质组合模型，则要用到具有装配关系的数据模型。

下面以 3D 打印地球模型为例，如图 5-81 所示，对彩色贴图 3D 打印模型的建模方法进行简单介绍。

图 5-81　彩色贴图地球 3D 打印模型

1. 地球模型建模

可在通用 3D 建模软件，如 UG、SolidWorks、Creo、Rhino、Maya 等环境下对地球模型进行建模，本例中使用 Creo 工程软件。在 Creo 软件零件环境下新建文件，并将其命名为"earth"，通过旋转命令得到直径为 100mm 的圆球，然后另存副本为"earth.stl"文件，如图 5-82 所示。

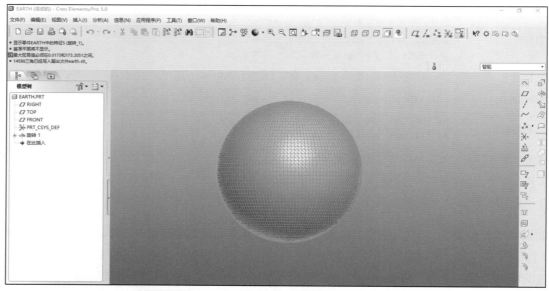

图 5-82　用 Creo 软件建模并另存"earth.stl"文件

2. 获取地球全景图

通过互联网或其他途径获取展平的地球全景图，如图 5-83 所示。

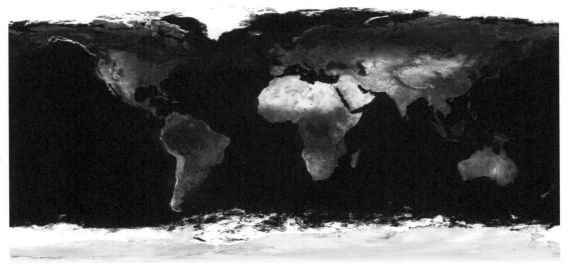

图 5-83　地球全景图

3. 贴图地球模型制作

PolyJet
模型贴图

对上述地球模型"earth.stl"进行贴图处理。本操作可以在 Photoshop、Maya 等专业作图软件中编辑处理，也可以在 Materialise Magics 软件中操作，本例使用的是 Materialise Magics。

首先将"earth.stl"文件导入 Materialise Magics 工作环境中，如图 5-84 所示。

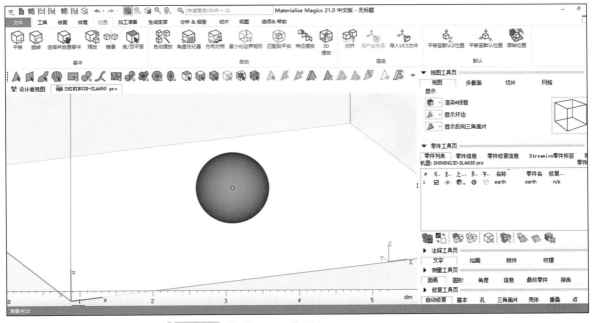

图 5-84　将"earth.stl"导入 Materialise Magics

在"纹理"选项卡下，使用"标记壳体"工具，单击选中"地球"模型外表面，如图 5-85 所示。

单击工具条上的"新纹理",打开准备好的"地球全景图",单击"纹理"对话框下方的"高级选项",选择"圆柱形投影",然后单击"确认"按钮,关闭对话框,如图 5-86 所示。

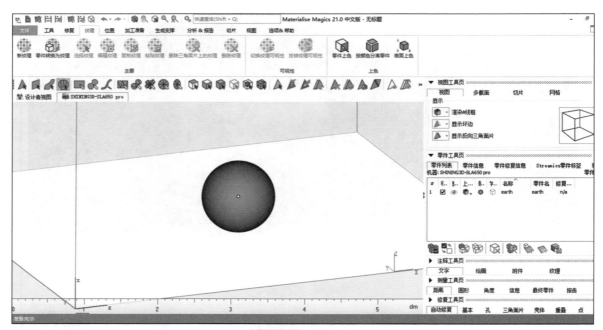

图 5-85 标记壳体

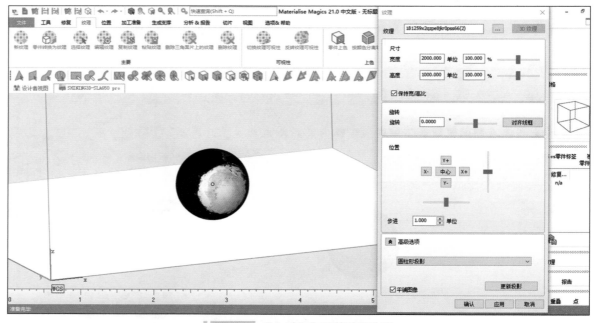

图 5-86 导入贴图和调整贴图选项

使用"位置"菜单中的"旋转"命令,根据地球南北极的方位调整"地球"到正确摆放位置,如图 5-87 所示,然后将完成贴图操作的"earth.stl"另存为"earth.obj"格式文件,这样用于彩色贴图 3D 打印的"地球"模型就制作好了。

将"earth.obj"文件导入打印管理软件 GrabCAD Print,查看模型效果,如 5-88 所示。

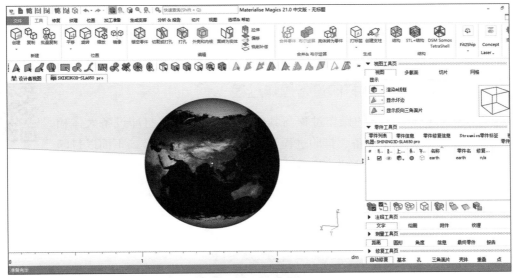

图 5-87　调整"地球"方位

图 5-88　将"earth.obj"导入 GrabCAD Print

通过 GrabCAD Print 的"查看预算"功能，可以预估"earth.obj"的打印时间和打印所需的各类原材料用量，如图 5-89 所示。

earth	多组合
打印时间	15小时 32分钟
材料总计（克）	1.005
支持总计（克）	308
VeroBlackPlus	157
VeroCyan-V	154
VeroClear	140
VeroMagenta-V	150
VeroPureWhite	263
VeroYellow-V	141
FullCure705	308

托盘预算

图 5-89　贴图地球模型打印时间和原材料用量预估

值得一提的是，本例中的"earth.obj"自带了彩色贴图信息，在执行该模型的打印过程中 Stratasys J750 将根据模型自带的颜色信息调配所需原材料及其用量，无须对原材料及颜色进行编辑处理。

5.5.3 Stratasys J750 3D 打印设备操作过程

PolyJet 工艺
设备操作

Stratasys J750 3D 打印设备的操作过程与其他工艺类型的 3D 打印设备大体相似，主要分为设备准备、模型准备、打印过程及后处理几个工作环节，下面以打印图 5-90 所示的多材质人体心脏模型为例，对其进行简要介绍。

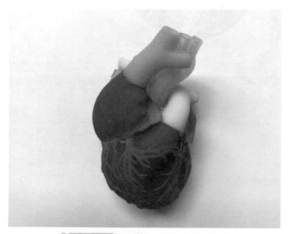

图 5-90 多材质人体心脏模型

1. 设备准备

1）打开设备电源，打印机控制计算机启动后打开控制软件 GrabCAD PolyJet Server，如图 5-91 所示，打印机的所有监控和控制均在此界面完成。

图 5-91 打印机监控和控制界面

100

2）设备起动后，打开材料柜，加载模型材料盒和支撑材料盒，如图5-92所示。

图 5-92 加载模型材料盒和支撑材料盒

3）如果需要对打印喷头进行测试或清洗打印喷头列阵，需要经由控制软件的相关操作向导来完成，如图5-93所示。

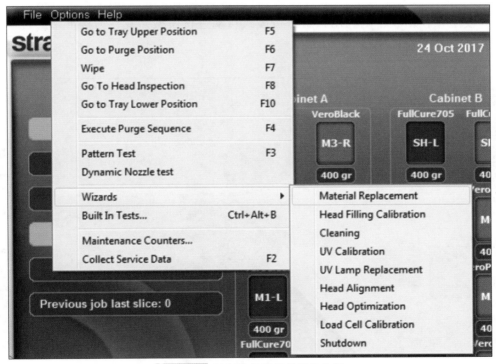

图 5-93 控制软件的相关操作向导

2. 模型准备

1）本例打印的心脏模型为软质、硬质材质相结合，透明、不透明材质相结合的彩色模型，心脏的各个组成部分需要根据外观效果单独指定材料及其材料属性，因此在建模时需要把心脏的各部分单独保存为 STL 文件，并保持各自在装配体中的空间位置关系，如图5-94所示。

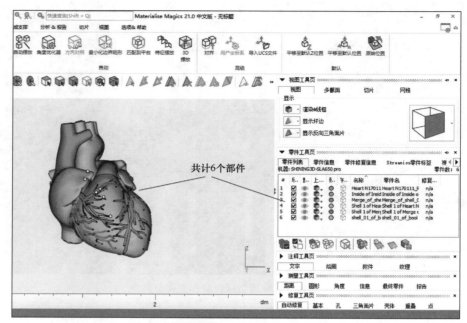

图 5-94 心脏模型的组成

2）将心脏模型以 STL 文件的形式导入到 GrabCAD Print 中，如图 5-95 所示。如果模型导入后检测到模型存在错误，则利用系统分析模式自动进行模型修复，为接下来的打印设置做好准备。

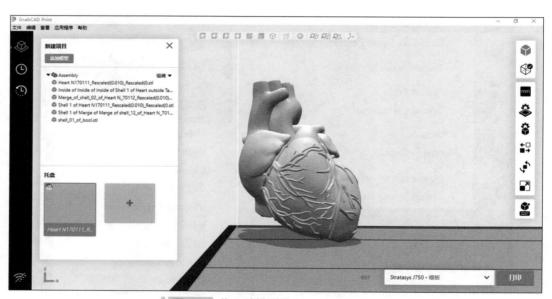

图 5-95 将心脏模型导入 GrabCAD Print

3）接下来，按照模型材质的制作要求对模型进行设置，主要完成颜色、光泽等模型特性的指定。指定材料颜色时可通过系统提供的托盘材料、CMYK 输入、数字材料、收藏夹、PANTONE、颜色选择器等方式进行颜色选择，如图 5-96 所示。

本例中黄色和透明色部分采用直接指定"托盘材料"的方法，浅黄色部件采用"颜色选择器"方法，心脏血管包络部分采用指定"PANTONE"色号的方法，如图 5-97 所示。

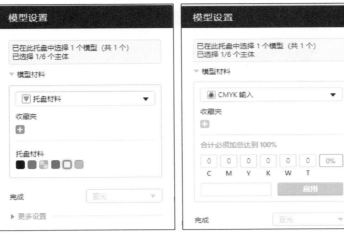

a) 托盘材料　　　　　　　　　　b) CMYK输入

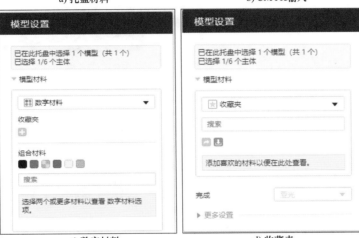

c) 数字材料　　　　　　　　　　d) 收藏夹

e) PANTONE　　　　　　　　　　f) 颜色选择器

图 5-96　模型颜色选择方法

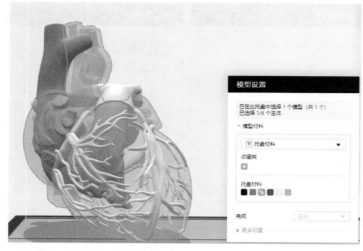

a) 指定"托盘材料"

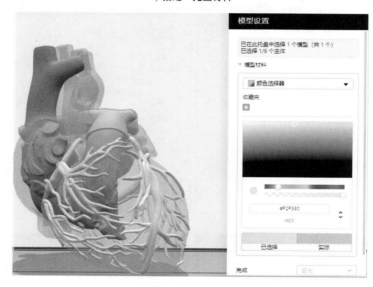

b) 采用"颜色选择器"选择颜色

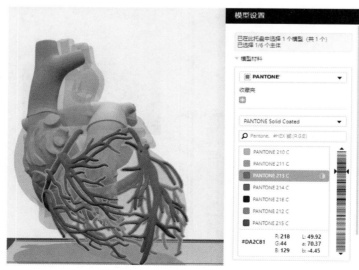

c) 指定"PANTONE"色号213C

图 5-97 心脏各部分颜色选择

4）所有部件颜色选择完成后，进行打印预估，结果如图5-98所示。

托盘预算	✕
Heart N170111_Rescaled(0.010)_Rescaled(0	多组合
打印时间	**11小时14分钟**
材料总计（克）	365
支持总计（克）	211
VeroBlackPlus	24
VeroCyan-V	24
VeroClear	159
VeroMagenta-V	29
VeroPureWhite	92
VeroYellow-V	37
FullCure705	211

图 5-98　心脏模型打印预估

模型设置完成后，即可联网，将模型数据传输给主机进行模型打印。

3. 打印过程及后处理

打印过程开始后，首先打印模块开始预热升温，并将打印设备的工作状态显示在操作界面上，预热完成后打印模块紫外光源亮起，开始逐层执行打印工作，如图5-99所示。

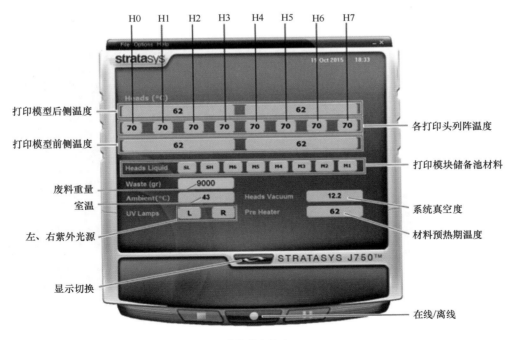

a) 打印状态显示

图 5-99　打印过程

b) 打印开始前

c) 打印工作中

d) 打印结束

图 5-99 打印过程（续）

打印完成后的模型外层包裹了一层支撑材料，通过用毛刷刷、擦拭等方式将其去除，去除支撑材料后的模型如图 5-100 所示。

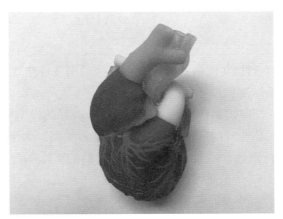

图 5-100　去除支撑材料后的模型

* 拓展 10：CMYK 色彩模式

Stratasys J750 的 3D 彩色模型打印使用的是 CMYK 色彩模式。CMYK 是减色色彩模式，这是与 RGB 色彩模式的根本不同之处。当阳光照射到物体上时，物体将吸收一部分光线，并将剩下的光线进行反射，反射的光线就是人们所看见的物体颜色。CMYK 分别代表四种颜色，C 代表青色（Cyan），M 代表洋红色（Magenta），Y 代表黄色（Yellow），K 代表黑色（Black）。在实际应用中，通过青色、洋红色和黄色的叠加很难形成真正的黑色，因此引入了 K——黑色，黑色的作用是强化暗调，加深暗部色彩。图 5-101 所示为不同色彩模式下的色彩显示范围。

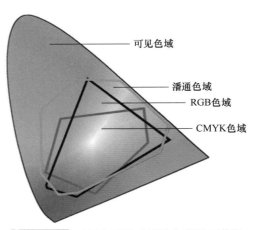

图 5-101　不同色彩模式下的色彩显示范围

RGB 色彩模式和 CMYK 色彩模式都可以用于创建颜色，但创建的颜色范围不尽相同，如图 5-102 所示。

a) RGB和CMYK的颜色范围对比

b) RGB模式源文件显示效果　　　　　　c) CMYK模式实物打印效果

图 5-102　RGB 和 CMYK 色彩模式对比

思考题 ▶

1. 3D 打印领域除常用的 STL 文件格式外，还有哪些通用文件格式？

2. 3D 打印设备的一般操作流程包括哪些主要步骤？

3. 在使用 FDM 工艺 3D 打印机制作模型时，为了获得较好的模型质量，可以从哪些方面着手？

4. PLA 和 ABS 是 FDM 工艺 3D 打印设备的主要原材料种类，为了防止打印过程中发生翘曲变形，通常需要对工作平台进行预热，一般情况下这两种材料的工作平台预热温度分别设为多少？

5. 以华曙高科 SS403P 为例，工业级 SLS 工艺 3D 打印系统由哪些主要设备组成？各部分的作用是什么？在进行设备操作时需要做好哪些安全防护措施？

第6章

产品设计中的增材制造技术

6.1 增材制造技术与产品设计

增材制造技术发展到现在，工业领域依然是其主流市场，其工业应用未来将不仅仅是研发流程和生产工艺中单个环节的应用，而是对传统制造业的全面渗透和覆盖，甚至是商业模式的创新。

增材制造技术与机器人、物联网、大数据、云计算等领域的结合也将更加密切，在打造"智能工厂"、构建"智能生产"、实现"智能物流"中扮演更重要的角色。此外，增材制造技术也将成为万千创客发挥创意、小型团队验证设计可行性、推动万众创新的重要助力，在产品设计过程中发挥着越来越重要的作用。

1. 辅助概念建模（图 6-1）

增材制造技术能迅速将设计创意转变为实物，尤其擅长复杂结构的制作，便于设计师与客户和企业团队进行有效沟通，有助于早期设计验证，并降低错误成本。

2. 原型测试（图 6-2）

产品研发离不开不断的验证和设计完善，利用增材制造技术及材料特性在企业内部快速制作产品或零部件原型并进行匹配度、功能性测试，能够缩短研发周期，加速产品上市时间，把握瞬息万变的商业契机。

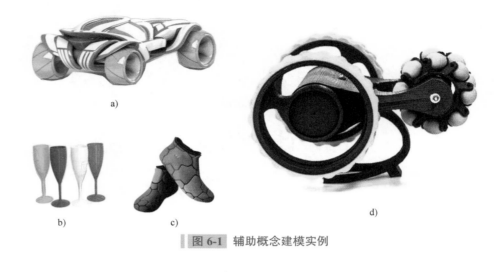

图 6-1　辅助概念建模实例

图 6-2　原型测试实例

3. 直接数字制造（图 6-3）

直接数字制造是根据产品 CAD 模型进行 3D 打印，直接制造最终产品的制作流程，包括制造产品原型、生产工具或最终零部件等。这种"智能制造"的方式能显著缩短交付时间和生产成本，并具有小批量生产优势，可帮助企业快速响应客户需求及市场变化。

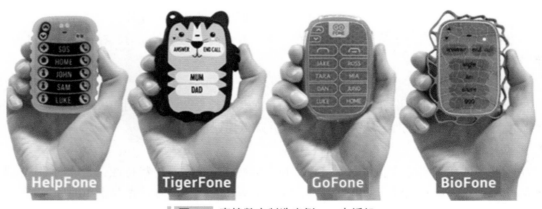

图 6-3　直接数字制造实例——电话机

6.2 3D 打印在产品设计中的应用方法

6.2.1 产品正向设计

计算机辅助设计技术为产品设计的三维构想提供了重要工具，但根据虚拟数字三维模型仍然不能完全推演出实际结构的装配特性、物理特征、运动特征等诸多属性。采用 3D 打印技术实现三维设计、三维检验与优化，甚至三维直接制造，直接面向零件的三维属性进行设计与生产，可大大简化设计流程，从而促进产品的技术更新与性能优化。

3D 打印技术是在计算机控制下，基于"增材制造"的原理，采用各种方法堆积离散材料，最终完成零件的成型与制造。3D 打印具有可生成高复杂度的产品、便于修改、生产迅速、高效个性化定制等特点，在工业设计的外观设计、结构设计、手板制造的流程中具备广阔的应用前景。引入 3D 打印技术已成为工业设计发展的新趋势。

在创意实现阶段，以人文美术艺术为特色的工业设计产品往往更注重产品的艺术效果，通过彩色 3D 打印机能快速实现创意，为艺术化的产品设计提供直观的感官反馈，如图 6-4 所示。

a)　　　　　　　　b)　　　　　　　　c)　　　　　　　　d)

图 6-4 彩色 3D 打印产品表现创意

在外观设计阶段，利用 3D 打印可以快速制作出实物模型，如图 6-5 所示，能够高效地进行外观展示、感知反馈、模型验证，大大降低了创意设计的时间成本和费用，激发了创意潜能。

a) 模型　　　　　b) 实物　　　　　c) 模型　　　　　d) 实物

图 6-5 3D 打印快速实现由数字模型到实物

在结构设计阶段，利用 3D 打印制作产品部件，可以迅速地对产品进行装配验证和功能测试，确定产品结构，如图 6-6 所示。

在手板制造阶段，用 3D 打印替代传统利用 CAD/CAM 对模具原型的制造工艺，可以快速、经济地制作出高精度的原型，用于硅胶模翻模或直接精密铸造，如图 6-7 所示，将手板制作的时间缩短到几小时。

a) 洒水器　　　　　　　　　　b) 耳机　　　　　　　　　　c) 水壶

图 6-6　利用 3D 打印实现对洒水器、耳机、水壶构件的装配验证

a) 硅胶模翻模产品和3D打印　　　b) 硅胶模翻模产品和3D打印　　　c) 直接精密铸造产品和3D打印
模型（透明件）　　　　　　　　模型（透明件）　　　　　　　　模型（透明件）

图 6-7　将三维数字模型直接打印成实物

6.2.2　产品逆向设计

逆向工程（RE）作为高效的设计方式已在产品设计过程中广泛应用，产品逆向设计与正向设计在工作流程上的区别如图 6-8 所示。

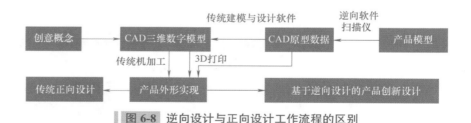

图 6-8　逆向设计与正向设计工作流程的区别

正向设计是由概念、创意到图样、数字模型的过程，而逆向工程是通过 3D 扫描仪扫描产品获取三维空间数据，通过逆向设计软件和工业设计建模软件对采集的三维数字模型进行改型设计，实现了从实物到三维数据的建模过程。逆向工程提高了对产品的改型或仿形设计、原产品的数据还原、数字化模型的检测等方面的工作效率。

产品设计的基本流程分为概念设计、外观设计、结构设计、手板制造、用户体验五个环节，逆向工程与正向设计均广泛应用于外观设计的流程之中，如图 6-9 所示。逆向工程的优势主要体现在以下三个方面。

1）在对产品的改型或仿形设计中，利用三维扫描及相应软件，迅速获得产品三维数字模型，设计师可以在此基础上高效地对数字模型进行优化，实现新产品设计或已有零件的复制（图 6-10）。此外，通过三维扫描和逆向检测软件还可以实现所设计产品的检测、检验，保证产品质量。

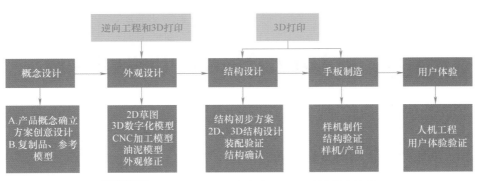

图 6-9 逆向工程和 3D 打印介入工业设计基本流程

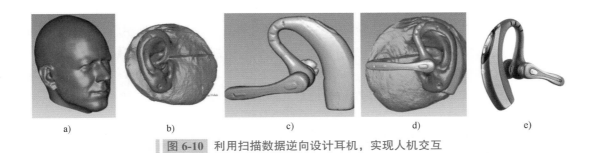

图 6-10 利用扫描数据逆向设计耳机，实现人机交互

2）在复杂产品的设计中，先制作油泥模型来供设计师修改和决策，在确定最终的油泥模型后，引入逆向工程，迅速将油泥模型转化为三维数字模型，如图 6-11 所示。

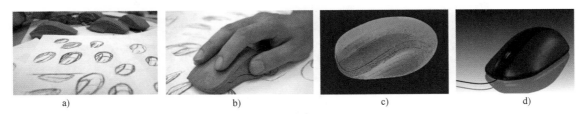

图 6-11 利用扫描油泥数据逆向设计鼠标

3）提取创意元素，实现创新设计。产品设计是重视人文艺术的创意设计，通过三维彩色扫描仪能实现对现有创意作品、自然景观、古文化艺术品中的创意元素的提取，实现工业设计产品艺术价值的再升华，如图 6-12 所示。

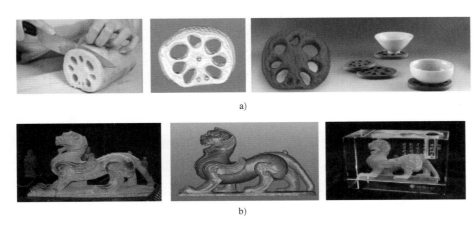

图 6-12 通过 3D 扫描提取创意元素

6.3 3D 打印在产品设计中的应用案例

6.3.1 3D 打印在产品正向设计中的应用

案例一：镂空雕刻"玲珑球"的 3D 数字化设计与制作

象牙雕刻被列为中国第一批非物质文化遗产保护名录，有"仙工"之誉的广州牙雕是中国工艺美术中的一项珍贵的艺术遗产，以玲珑剔透的镂雕技法而闻名。象牙球是广州牙雕技艺的代表作，其独特之处是将一块完整的象牙料，巧妙地雕镂成层层套叠的薄球壳，并且层层都能转动自如，再加上各层球壳上镂空的图案精致美丽，交错隐现，互相映衬，被誉为"鬼工球"。

图 6-13 所示为 19 世纪由广东地区牙匠所刻制的象牙球，直径约为 12cm，表面以高浮雕刻九龙穿梭于祥云间，内部则雕刻各种镂空精致的锦地几何纹样，共 24 层，每层皆可灵活转动。

图 6-13 镂雕象牙云龙纹多层象牙球（台北故宫博物院收藏）

象牙球的制作工艺大致分为开料、打孔、分层、雕刻和拉花等几个步骤，其中最难的是分层。分层要在球面上打一些距离相当、大小适当的孔，然后用特制的曲刀，将其镂空成一层灵活转动的球。刀钩伸进去后，工匠用肉眼很难看清刀的走向，全凭传到手上振动的感觉和听到的声音来进行控制；象牙还有纤维纹，会带偏刀锋，只能靠工匠的经验加以控制，稍有不慎，前功尽弃。分层后，工匠用特制的戳刀在象牙球里面的每层球上镂刻各种图案花纹，花纹的洞仅比针孔稍大，刀具上的小齿要用放大镜才能看清楚（图 6-14）。

象牙球构思巧妙，构造灵动、繁复，其制作工艺远超常规加工制造技术所及，需要创作者具有丰富的创作经验积淀和高超的手工艺技艺，经长时间的精雕细琢才能制作完成。增材制造技术的出现为镂空雕刻提供了现代工业制造技术的实现手段，借助 3D 数字化设计软件，3D 打印不仅拓展了产品创意设计的空间，也为传统手工艺的传承和发扬提供了数字化载体。

以下为镂空雕刻"玲珑球"的 3D 数字化设计制作过程，使用 Creo 工程设计软件进行"玲珑球"3D 数字化建模，华曙高科 SS403P SLS 3D 打印机进行生产制造。

图 6-14　镂雕拼镶玲珑剔透　广州牙雕巧夺天工（图片来源：广州日报：读懂广州·粤韵）

1."玲珑球"概念设计

"玲珑球"主体为球形，3 层嵌套球壳由中心轴立柱串起；立柱上端穿线方便挂起，下端穿流苏做装饰；沿壳体赤道线均布 4 个大孔，根据设计需要内嵌 LOGO 图案或其他图案；与球体轴线成45°方向，上下均布 8 个小孔；大孔、小孔之间镂空雕刻"蝙蝠"抽象图案和云纹，如图 6-15 所示。

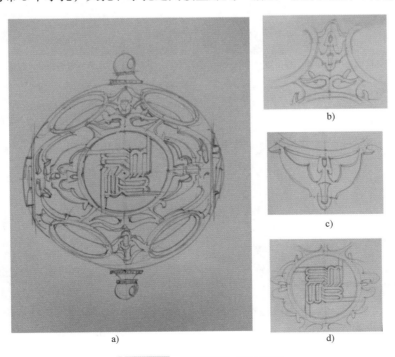

a)

b)

c)

d)

图 6-15　"玲珑球"设计草图

增材制造技术及产品设计

2."玲珑球"3D 数字化建模

在 Creo 工程设计软件环境下进行"玲珑球"的建模，建模过程如图 6-16 所示。Creo 是基于特征的参数化建模三维软件，可以为模型的后期修改、再编辑提供诸多便利。

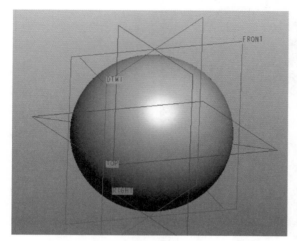

a) 球体曲面建模，绘制大孔、小孔中心线

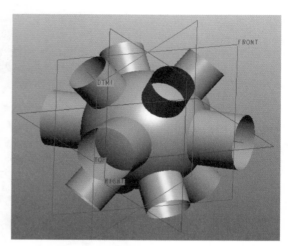

b) 扫描并阵列大孔、小孔曲面

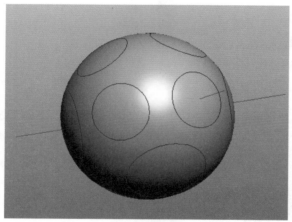

c) 大孔、小孔曲面与球体求交，确定边界

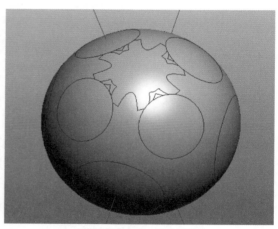

d) 草绘镂空曲线，投影并阵列

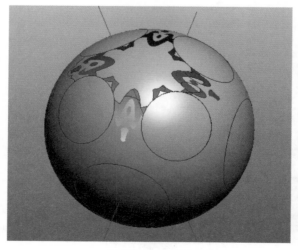

e) 曲面拉伸，切除镂空部分

f) 重复d)、e) 步骤，完成球体曲面的镂空

图 6-16　"玲珑球"建模过程

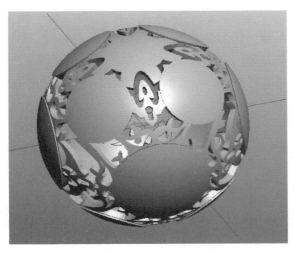

g) 将镂空后的球体曲面加厚、实体化，
壳体厚度取1.2mm

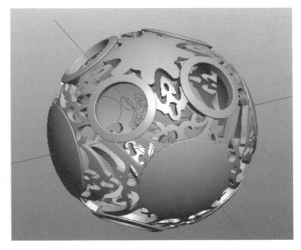

h) 实体拉伸切除，切出45°小孔

i) 草绘LOGO图案，并做实体拉伸切除

j) 实体拉伸，切出中心轴孔，并作圆角修饰，完成外层
"玲珑球"球壳建模；等比例缩放，得到第2、3层球壳
模型

k) 将3层球壳嵌套组合成整体，并在组合状态
下完成中心轴建模

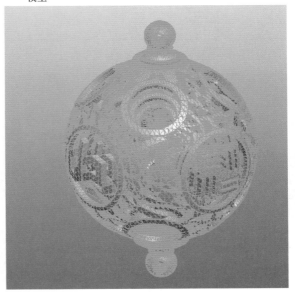

l) 输出"玲珑球"STL格式文件，准备3D打印制造

图 6-16　"玲珑球"建模过程（续）

3. "玲珑球" 3D 打印生产制造

基于"玲珑球"3 层嵌套球壳结构和局部细节单薄，受力性能差的考虑，若采用 DLP、SLA、FDM 工艺设备进行 3D 打印制作，支撑结构难以完全去除，并可能在去除支撑的过程中对模型造成破坏，因此适宜采用 SLS 工艺设备。为提高粉末材料的利用率，降低单个模型的制造成本，采用阵列的方式对建造包进行排包，3D 打印模型制作过程如图 6-17 所示。

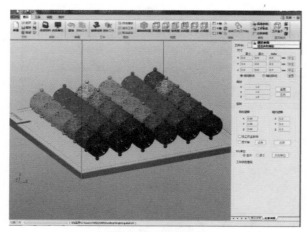

a) "玲珑球"建造包排包

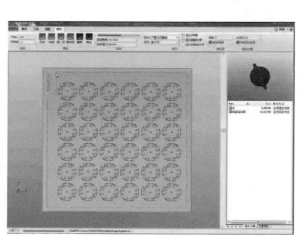

b) 建造包打印预览

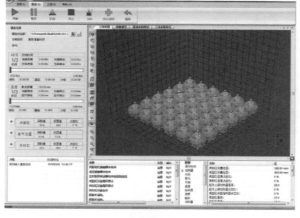

c) 导入"玲珑球"建造包

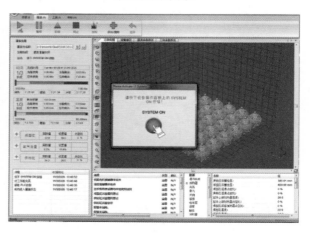

d) 建造开始

e) 取包

f) 建造包冷却

图 6-17 "玲珑球" 3D 打印模型制作过程

g) 取出模型   h) 初步清粉

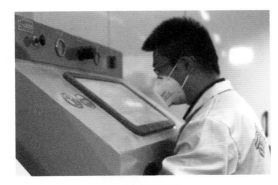

i) 喷砂处理   j) 最终模型

图 6-17   "玲珑球" 3D 打印模型制作过程（续）

4. "玲珑球" 喷漆后处理

将喷砂处理后的"玲珑球"拿到室外通风处，使用"金属色自动喷漆"对其进行喷漆后处理。操作时喷壶喷嘴距离模型 15cm 左右，快速晃动，使喷雾充分雾化，均匀附着在模型表面，如图 6-18 所示。

a) 金属色自动喷漆   b) 喷漆   c) 喷漆完成后

图 6-18   喷漆后处理

5. 安装挂绳和流苏，完成"玲珑球"最终模型

待模型通风、晾干后，将挂绳、流苏系于中心轴立柱两端，完成"玲珑球"最终模型的制作，如图 6-19 所示。

传统镂空雕刻手工艺与 3D 数字化产品设计、增材制造技术相结合，使镂空创意产品的设计摆脱了设计经验、手工技艺水平、设计材料等方面的束缚，延拓了创作空间，加快了从创意设计到模型实现的速度。3D 数字化设计软件的建模应用使得镂雕创意设计方案的反复推敲、快速修改成为可能；并可建立传统镂空雕刻工艺品图样模型库，通过图样模型的组合、搭配，创造出自带传统手工艺基因的全新镂雕工艺作品；还可进一步助推传统镂雕工艺品模型库、博物馆的数字化建设；增材制造技术的应用拓展了镂雕艺术品的材料来源，降低了镂雕工艺品的制造难度和成本，使镂雕工艺品不再局限于摆放在展览馆、精品橱窗等收藏场合，使之更加亲民，焕发了新的生命力。

案例二："光·与"智能机器人外观设计与结构实现

"光·与"智能机器人（图6-20）是浙江机电职业技术大学创意设计学院2020届工业设计专业毕业设计作品，设定应用场合包括商业服务、医疗、教育、娱乐等多个领域，其功能不仅要满足一般性人工操作需求，还需实现双臂协调控制，以完成更为复杂的操作，因此其双臂需具备更多的自由度和更大的活动空间，对外观设计和结构实现带来了巨大挑战。

图6-19 "玲珑球"最终模型

图6-20 "光·与"智能机器人

1. 智能机器人设计需求

1）机器人背部和胸部显示器下方需预留检修口。

2）为长方形音响预留悬挂位置和出音口。

3）处于关机状态时，头部电动机未工作；处于低头状态时，注意不要发生碰撞。

4）头部摄像头和麦克风处需要预留摄像孔和声音孔。

5）头部外壳需考虑显示器电气接线的高度，以免与外壳产生干涉。

6）手臂舵机外壳需预留连接线空间，在手臂活动姿态下外壳不会干涉。

7）背部需预留紧急停机口。

8）为电源线设计固定的接线端子，以免在机器人移动过程中电源线过度摇晃，造成断路和短路。

9）头部和身体连接处需要走线空间。

10）在背壳上设计USB接口，这样在打开背壳的情况下可以连接到计算机的USB端口，以便于传输文件，升级系统。

2. 外观设计构思

该型机器人设定在商业服务区、医疗场所、教育机构、娱乐会所等场合提供服务，服务对象主体为女性和儿童，因此在外观上做了侧重女性化、卡通化的设计。经过前期设计调研，结合机器人内部骨架结构，机器人上身采用楔形卡通形象，下身借鉴女性裙摆形态进行整体设计，使机器人既有亲和力又不失稳重，其外观建模及渲染效果如图 6-21 所示。

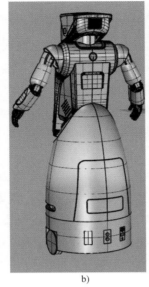

a)　　　　　　　　　　　b)　　　　　　　　　　　c)

图 6-21 外观建模及渲染效果

3. 结构设计

用 Rhino 设计软件完成机器人外观建模后，转入 Creo 工程软件进行外观零件的结构设计。该型机器人手臂、头部皆为活动件，检修、功能窗口也有较多预留，造成整体结构复杂、分散，共有 29 个零件需拆分装配。在进行结构设计时，按照零件间的逻辑安装顺序和生产流水线装配工艺，将机器人整体结构分解成头部、上身、下身、手臂和底盘 5 个主要功能组件，分别进行设计，组件结构设计完成后再对各组件的安装接口进行装配设计，如图 6-22 所示。

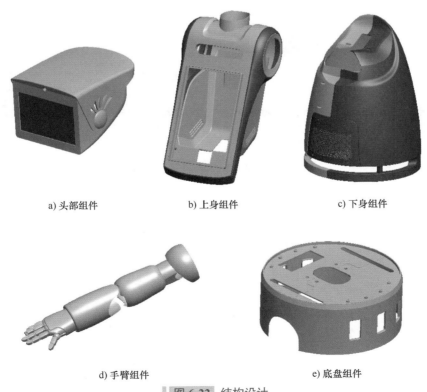

a) 头部组件　　　　　　　b) 上身组件　　　　　　　c) 下身组件

d) 手臂组件　　　　　　　e) 底盘组件

图 6-22 结构设计

4. 3D 打印介入

结构设计是本案例设计工作的重点更是难点，机器人外观零件结构设计面临的问题主要包括：①外观零件数量多，兼顾外观要求，需选择合适的装配连接结构和紧固方式；②装配过程中需考虑电源线、数据线、音视频线的走线和固定问题；③需确定外观零件和机架的固定方式；④部分机器人内部设备安装位置未明确；⑤机器人内部空间紧凑，工具操作空间狭小，妨碍零部件组装操作；⑥部分外观件属长薄壁结构，安装间隙难以准确控制。

上述问题的存在，使得外观零件的结构设计存在大概率变数，很难一次性完成最终的结构设计。在这种情况下，需要制作外观零件模型手板，对零部件的装配情况进行验证。基于时间进度方面的要求，优先选择 3D 打印作为模型制作的工艺手段。

由于该型机器人外观零件尺寸较大，最大零件的尺寸为 200mm×200 mm×558mm，选择工业级 SLA 3D 打印机进行模型制作更为适宜，而且 SLA 工艺模型尺寸精度高、表面质量好，能够很好地满足该案例的模型质量要求。在本案例中，使用 Materialise Magics 软件对零件数字模型进行摆放、加支撑、切片等 3D 打印前处理；使用先临 iSLA650 Pro 3D 打印机进行模型制作，其最大工作空间为 600 mm×650 mm×450mm。

（1）Materialise Magics 3D 打印前处理（图 6-23）

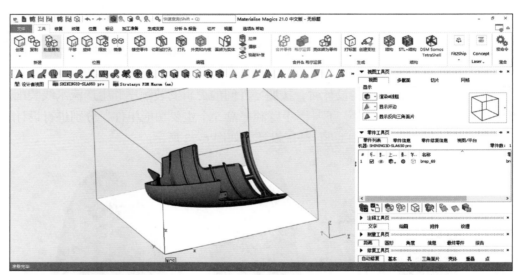

a) 模型导入

b) 模型修复

 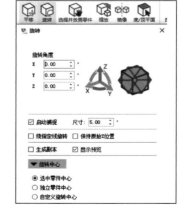

c) 调整位置，摆放模型

图 6-23 Materialise Magics 3D 打印前处理

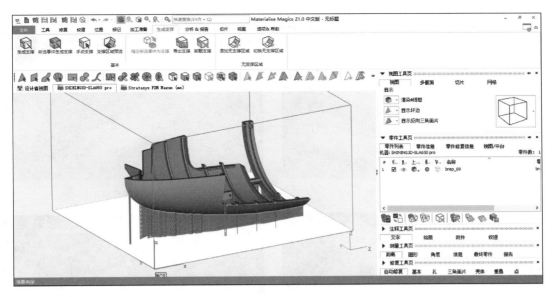

d) 模型支撑的优化处理

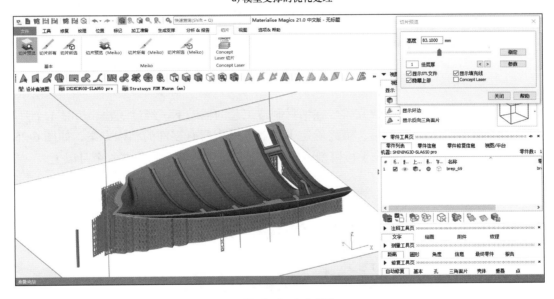

e) 模型切片及打印预览

图 6-23 Materialise Magics 3D 打印前处理（续）

（2）先临 iSLA650 Pro 3D 打印模型（图 6-24）

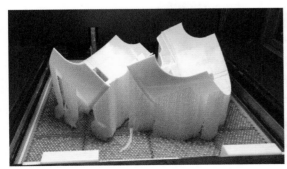

a) 底盘模型

b) 下身及肩关节模型

图 6-24 先临 iSLA650 Pro 3D 打印模型

c) 上身及上臂模型

d) 头部模型

e) 手臂模型

f) 手掌及指关节模型

图 6-24　先临 iSLA650 Pro 3D 打印模型（续）

（3）模型装配结构验证与修改完善　在增材制造工艺的辅助下，经过 3 轮、历时 1 个月时间的模型制作、组装验证、修改调整后，最终确定了机器人外壳所有零件的结构方案，如图 6-25 所示。而如果使用常规数控加工方法制作手板模型，同样的工作量，所耗时间需在 6 个月以上。

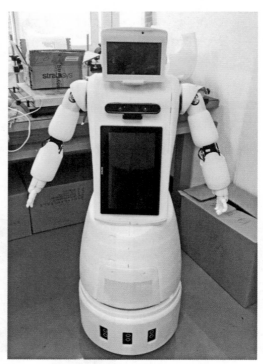

图 6-25　涂装前的模型实物

从本案例的实施过程可以看出，在产品结构设计阶段，增材制造技术的介入为设计人员提供了更多的结构方案以供选择和验证尝试，可以以短时间、低成本验证结构设计方案，找出设计中存在的不足，并快速加以改进完善，这极大地提高了设计效率，缩短了新产品开发时间。

案例三：晶格结构运动鞋的设计与制造

一双优秀的运动鞋需要具备良好的避振、稳定性、扭转控制、轻量化、抓地力等属性：在行走或跑步时，能够吸收来自地面的反作用力；在持续直线运动中能保持足部稳定；在打篮球、网球中侧向移动时，能保护脚踝，防止扭伤；重量轻盈，有利于长时间运动，不易疲劳；做弹跳动作时能保持良好的抓地力，防止因滑倒造成运动损伤。传统运动鞋底的发泡制造工艺经过几十年的发展，无论是材料还是工艺都已到了技术瓶颈，全新的晶格结构（图6-26）运动鞋底设计从一个全新的维度来解决运动鞋发展中的痛点。

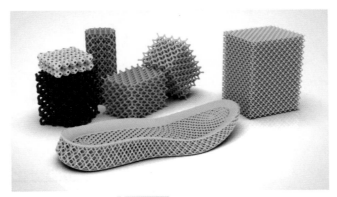

图 6-26 晶格结构

增材制造技术为晶格结构运动鞋底的制造提供了工艺实现手段。近年来，国内外的运动鞋品牌相继推出了 3D 打印运动鞋。耐克、阿迪达斯、新百伦、安德玛都已引入增材制造技术批量生产鞋中底，国产运动品牌匹克、李宁、安踏也分别在小批量地应用 3D 打印鞋中底技术。

TPS200 是苏州博理新材料科技有限公司开发的工业级多相纳米膜分离（Triple-phase Photochemical Synthesis，TPS）技术 3D 打印机（图6-27），打印空间为 216 mm × 122 mm × 380mm，能满足制鞋领域从设计到量产的双重需求。下面以基于 Rhino 软件运行的 Grasshopper 可视化编程语言和 TPS200 3D 打印机为设计、制造工具，简要介绍晶格结构运动鞋中底的设计和制作过程。

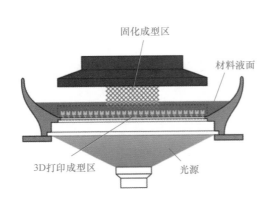

a) TPS工艺原理　　　　　　　　　　　　b) TPS200

图 6-27 TPS 工艺原理及设备

1. 鞋中底晶格结构设计（图 6-28）

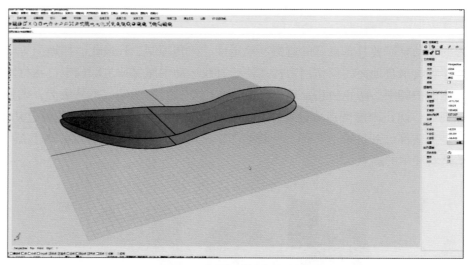

a) 在Rhino设计软件环境下构造鞋中底的上、下曲面

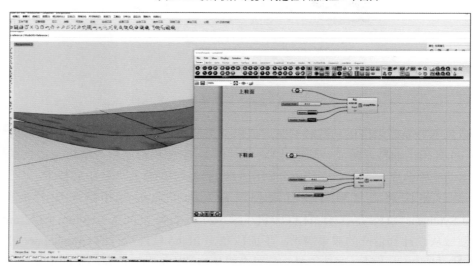

b) 添加运算器，优化上、下曲面

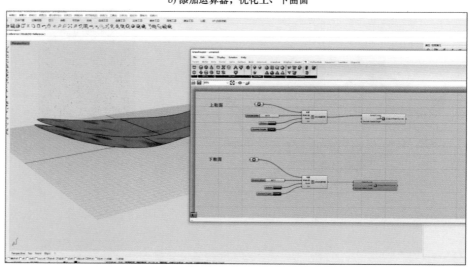

c) 将上、下曲面转化为Mesh面

图 6-28 鞋中底晶格结构设计

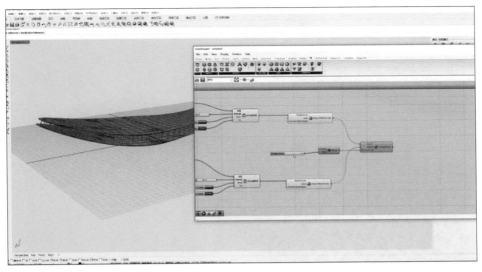

d) 在上、下曲面间生成规则的立方体晶格

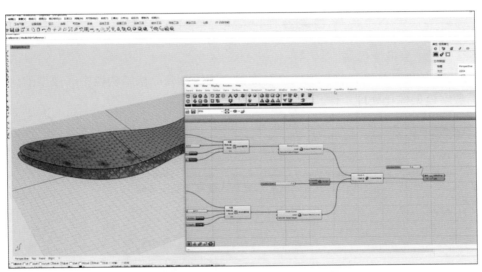

e) 将规则的立方体晶格替换为博理样本晶格

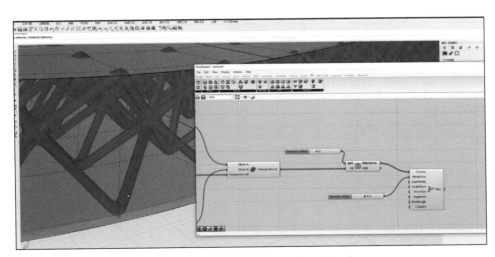

f) 为晶格生成圆管，并参数化编辑圆管尺寸

图 6-28　鞋中底晶格结构设计（续）

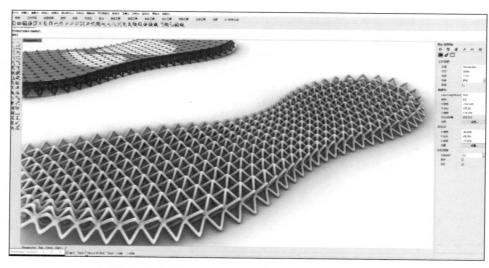

g) 顺滑处理晶格结构，返回Rhino软件操作界面，保存鞋中底晶格

图 6-28 鞋中底晶格结构设计（续）

2. 晶格结构鞋中底模型优化

在 Rhino 设计软件环境下，将鞋底纹、鞋面拼合面添加到晶格结构鞋中底模型上，完成鞋中底 3D 打印前的数字模型优化处理工作，如图 6-29 所示。

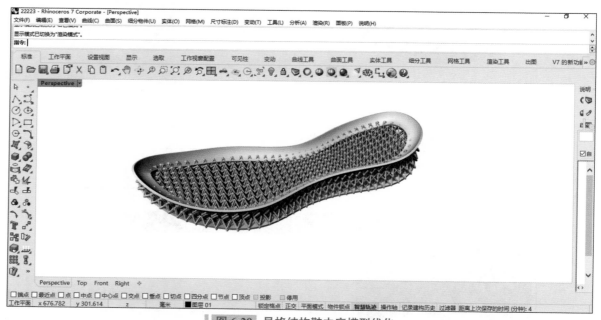

图 6-29 晶格结构鞋中底模型优化

3. 晶格结构鞋中底实物模型制作

将优化后的晶格结构鞋中底模型导入 Polly Print 切片控制软件，顺序进行模型摆放、加支撑、切片等操作，执行打印操作，最终得到鞋中底实物模型，如图 6-30 所示。

4. 晶格结构运动鞋最终成型

对 3D 打印晶格结构鞋中底进行去除支撑、修边等后处理后，使用传统制鞋工艺将鞋底、鞋中底和鞋面黏合压制在一起，得到晶格结构运动鞋最终产品，如图 6-31 所示。

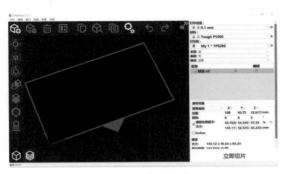

a) Polly Print操作界面

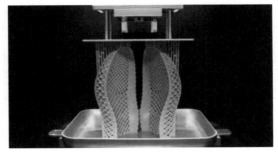

b) 鞋中底3D打印

图 6-30 晶格结构鞋中底实物模型制作

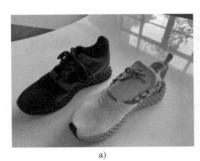

a)

b)

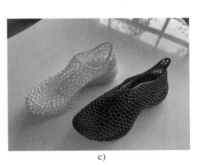

c)

图 6-31 3D 打印晶格结构运动鞋系列产品

晶格结构可以使模型更轻、更坚固，更有效地吸收冲击力，将其作为结构设计元素应用到产品设计中，可以从拓扑优化的角度挖掘产品的性能潜力，在航空航天、医疗、工业、制鞋等领域都有着广阔的应用前景。晶格结构无法通过传统制造工艺进行加工生产，而 3D 打印对这种具有复杂内部结构的模型具有独特的工艺优势，使相应产品设计不再是空中楼阁，而具有了实际应用价值。

6.3.2 3D 打印在产品逆向设计中的应用

逆向工程通过对实物原型进行 3D 扫描、数据采集、3D 数字重构等过程，快速、准确地获得实物原型的形状特征，在此基础上进行再设计，对于个性化产品设计来说意义重大。

案例一：皮划艇项目个性化运动辅具的设计实践

残奥会单人单桨皮划艇比赛中使用的皮划艇是常规器械，需要根据运动员的身体情况加装辅具，辅助运动员进行比赛。该辅具的设计、制作需满足特定运动员的身体条件和运动习惯，因此具有显著的个性化定制特征。本案例的工作流程在常规产品设计流程的基础上，整合了 3D 扫描、3D 打印的实施环节。

1. 数据采集

本案例设计对象是为特定运动员个性化定制的运动辅具，为了使该辅具能适配运动员身体状况，首先需要获取运动员的身体特征数据。手持 3D 扫描仪体积小巧，操作灵活，场地适应性强，故本案例使用手持 3D 扫描仪采集数据。手持 3D 扫描仪的型号为 EinScan Pro 2X，采集的三维数据包括运动员身体特征和皮划艇座舱两部分，如图 6-32 所示。

采用逆向工程设计软件，将三维扫描数据转换成 3D 数字模型，如图 6-33 所示。

a) 运动员身体特征数据采集

b) 皮划艇座舱数据采集

图 6-32 数据采集

a) 运动员身体模型

b) 皮划艇座舱模型

c) 整体模型

图 6-33 运动员身体、皮划艇座舱 3D 数字模型

2. 人机分析

通过技术资料调研和与运动员、教练员座谈，详细了解皮划艇运动项目的特点，运动员的身体情况和运动员在划桨过程中的动态施力习惯，从人机工程的角度提炼关键设计信息，如图 6-34 所示。

a) 运动员划桨姿态分析

b) 运动员划桨肌力分析

图 6-34 人机分析

3. 概念设计

根据采集的运动员和皮划艇座舱的三维数据，结合人机工程分析运动员划桨过程提炼出的设计关键信息，展开概念设计，如图 6-35 所示。

4. 方案细化

针对前期的概念设计方案进行研讨，经运动员、教练员、运动专家的综合评议，进一步明确一体化结构设计、支撑舒适度调节、高度调节的设计方向，如图 6-36 所示。

a) 方案一

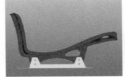

b) 方案二

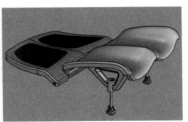

c) 方案三

图 6-35 概念设计

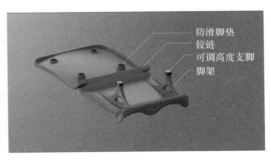

防滑脚垫
铰链
可调高度支脚
脚架

a) 一体化结构设计　　　　　　　　　　b) 支撑舒适度调节

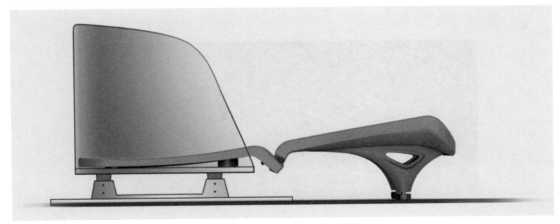

c) 高度调节

图 6-36 方案细化

5. 模型制作

使用工程设计软件完成辅具的数字化建模；借助光固化 3D 打印设备加工制作实物模型；打印完成后，经过模型后处理、打磨修整、装配等工序，最终得到运动辅具的产品实物模型，如图 6-37 所示。

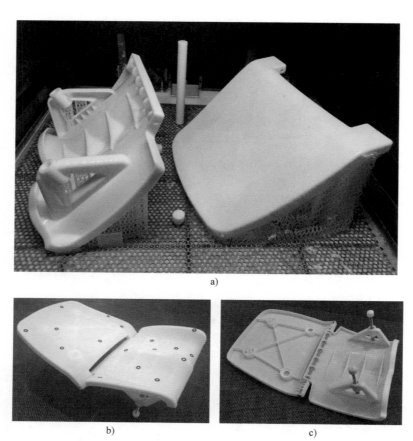

a)

b)   c)

图 6-37 3D 打印实物模型

6. 用户体验与反馈

将辅具实物模型安装到皮划艇的座舱内，由运动员对使用效果进行验证，并反馈运动体验（图 6-38）。根据模型的安装匹配情况和运动员的反馈信息，对设计方案做进一步的调整，直至得到最优设计方案。

a)

图 6-38 用户体验与反馈

b)

图6-38　用户体验与反馈（续）

在本案例实施过程中，首先借助3D扫描仪获取了运动员的身体特征和皮划艇座舱的空间信息，从设计之初就满足了运动员坐姿匹配和乘坐舒适性问题，设计的重点直接聚焦于如何通过人机工程设计，辅助运动员更好地发力，发挥身体潜能，提高运动成绩；座舱空间信息则保障了运动辅具的可安装性，避免了运动辅具与座舱空间干涉造成的反复修改、调整，保证设计工作"一次性做对"。

案例四：五菱Mini EV "机甲战士"宽体风格汽车改装

改装是汽车文化的精髓，也是体现汽车个性化、潮流化的重要方式。随着国内汽车消费群体的年轻化，汽车改装文化逐渐成为常态。尤其是国产小型代步车的热销，更是在汽车圈中掀起了一股"千车千样"的潮创风暴。

汽车改装是指根据车主的需要，将汽车制造厂家生产的原型车进行外观造型、内部造型以及性能的改动，主要包括车身外观改装和动力改装。车身外观改装在汽车改装中一直占有较大比重。改变车身外观最迅速、最简便的方式就是加装空气动力套件，如进气格栅、车侧扰流板（侧裙）、后包围以及后扰板流（尾翼）等。

本案例中，某汽车改装工作室受一位车评博主的委托，将一台全新国产小型代步车改装成"机甲战士"宽体风格的敞篷跑车，后续将作为潮改作品在各大汽车改装潮流展上进行展示。图6-39所示为改装前对改装对象车身进行拆解。

图6-39　改装前车身拆解

汽车外观改装工程顺利实施的关键在于新加装外观件既要符合外观改装设计效果，又要具备与原型件相同的装配结构，以保证与车身框架的完美契合。这就需要对原型件和车身相应位置的安装结构进行测绘，既费时费力又存在测量误差，而且存在安装失败的风险。为了降本增效提质，工作室在上海嘉利扬科技发展有限公司技术团队的协助下，借助高精度3D扫描仪和增材制造技术，制定了完整的3D数字化技术应用方案，以保证改装工作流程的顺利进行。

1. 整车 3D 数字模型获取

在汽车改装工作流程中，三维扫描是获取原车数据的重要环节，为此技术团队使用先临天远 FreeScan UE 蓝色激光手持三维扫描仪对原车进行三维扫描，为后续改装设计、实物打印及迭代优化提供了重要的数据基础。得益于 FreeScan UE 具有广泛的材质适应性，无须喷粉，无惧黑色、反光表面材质，操作灵活，快速高效的性能特点，在 20min 内就轻松获取了整车外观、零部件及各个安装位置的完整三维数据，如图 6-40 所示。

a) 扫描前贴点处理

b) 先临天远FreeScan UE蓝色激光手持三维扫描仪

3D 扫描设备操作

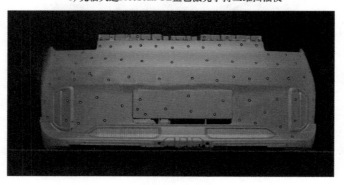

c) 车身三维扫描数据模型

 **图 6-40** 车身三维扫描及模型三维数据获取

2. 二次改装设计

将三维扫描获取的三维数据导入工程设计软件中，通过逆向工程获得原型件的 3D 数字模型。以此为基础，在不改变原型件原有安装结构的前提下对其进行二次设计创新，并完成虚拟装配、设

计渲染等后续设计工作，得到如图 6-41 所示车身改装设计效果图。

a)

b)

c)

图 6-41 车身改装设计效果图

3. 改装件实物制作

改装设计方案确定后，利用增材制造技术可小批量生产、个性化产品单件试制的工艺特点，将车身改装的各个部分分别打印、制作出来。考虑到改装件模型对外观质量的要求，以及改装件模型三维尺寸的实际情况，设计团队利用工业级光固化（SLA）工艺设备对改装件三维数字模型进行实物制作，并进行了强化后处理，3D 打印成品如图 6-42 所示。

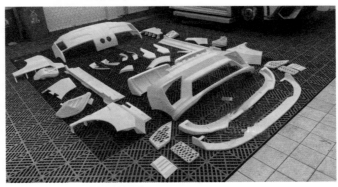

图 6-42 改装件 3D 打印成品

将改装件的 3D 打印成品安装到位，完成整车组装，如图 6-43 所示，最终得到如图 6-44 所示改装成品。

图 6-43　3D 打印零部件上车组装

a)

b)

c)

图 6-44　改装成品

4. 高精度 3D 数字化技术在汽车改装中的应用优势

由于汽车的特殊性，工作室在传统改装定制设计的过程中常常面临困境。随着高精度 3D 数字化技术的不断普及，定制化改装设计的工作流程也逐渐被改变，引领出新的应用趋势。

1）让汽车定制改装具有高度的灵活性，满足用户个性化和多样化的定制需求。

2）让汽车定制改装过程变得更可控，可节省人工、材料以及时间成本，提高整体改装效率。

思考题 ▶

1. 简要阐述基于 3D 打印、3D 扫描技术的产品正向设计的一般工作流程。

2. 简要阐述基于 3D 打印、3D 扫描技术的产品逆向设计的一般工作流程。

3. 实训项目：以图 6-45 所示"山形"笔架实物模型为素材，增加底托部分，完成图 6-46 所示桌面摆件的 3D 打印作品创作。

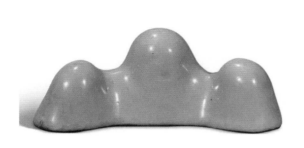

图 6-45　"山形"笔架实物模型

图 6-46　桌面摆件

实训要求：

1）综合运用 3D 扫描、逆向工程、工程软件 3D 建模等技术手段，完成 3D 作品创作。

2）选择合适的增材制造工艺及设备，完成 3D 模型实物制作。

［1］杨继全，郑梅，杨建飞，等.3D打印技术导论［M］.南京：南京师范大学出版社，2016.

［2］冯春梅，杨继全，施建平.3D打印成型工艺及技术［M］.南京：南京师范大学出版社，2016.

［3］史玉升.增材制造技术的工业应用及产业化发展［J］.机械设计与制造工程，2016（45）：11-16.

［4］余振新.3D打印技术培训教程［M］.广州：中山大学出版社，2016.